Friedrich Naumann

Die politischen Parteien

9.–13. Tausend

Berlin 1913
Verlag von Georg Reimer

Diese vier Vorträge wurden im Januar und Februar 1910
in der Philharmonie zu Berlin gehalten.

1.

Die Parteigeschichte von 1848 bis 1881

Geehrte Versammlung! Über die politischen Parteien liest jeder von uns tagtäglich in den Zeitungen genug und übergenug; und wenn wir an diesen Vortragsabenden nichts anderes tun wollten als den Alltagsstreit der Parteien nun auch hier weiter fortzuspinnen, so wäre es wohl nicht nötig, daß wir uns in der Art wissenschaftlicher Veranstaltungen zusammenfinden, denn den Alltagsstreit würden wir besser in politisch kämpfende Versammlungen verlegen. Wir sprechen an diesen Abenden ruhig und mit dem Willen sachlicher Erkenntnis über die Parteien als Zwischenorganisationen zwischen der Bevölkerung und der Volksvertretung, indem wir sie aus ihrer Geschichte und aus ihren Programmen in ihrem Wesen zu begreifen versuchen.

Jede Partei hat zwei verschiedene Arbeitsgebiete, eines im Parlament und eines draußen in der Bevölkerung. Drinnen in der parlamentarischen Vertretung handelt es sich um die Technik der Gesetzgebung, um Kontrolle der Staatsverwaltung, um Herstellung und Durcharbeitung von einzelnen Paragraphen und Rechnungsposten. An dieser Stelle sind die Parteien Techniker des Staatswesens. Draußen aber müssen sie mit der Bevölkerung über diese ihre Staatsarbeit reden und müssen werben, müssen Gesinnungsverbände schaffen unter Kenntnis der Volkspsychologie mit Theorie und mit Phantasie. In solchem Doppelwerk der so verschiedenen Arbeit, einerseits in den geschlossenen Kammern der Gesetzgebung und andererseits bei der Werbearbeit draußen in Städten und Dörfern durch das ganze Land hin, liegt zum Teil die innere Schwierigkeit alles Parteiwesens, zum Teil aber auch der besondere Reiz gerade dieser politischen Tätigkeit. In jeder Partei ist viel Mühe enthalten, und diejenigen, die politische Verhandlungen nur von ferne aus sehen, wissen meist gar nicht, was es heißt, Hunderttausende von Menschen auf einen Gedankengang zusammenzubringen und bei einem Gedankengang zu erhalten, wissen auch oft nicht, was es bedeutet, ein Kollegium, und sei es auch nur von fünfzig persönlich selbständigen Leuten, zu gemeinsamen Handlungen in wechselnden Fragen und bei immer neuen Schwierigkeiten zusammenzuhalten. Von aller dieser Mühe, von allen diesen Anstrengungen der Parteien berichtet im allgemeinen die Geschichte wenig. Denn die Geschichte ist auch heute noch im großen und ganzen die Geschichte der Fürsten, der Großen und bleibt undankbar gegenüber der unendlichen Kleinarbeit des Parteiwesens. Wieviel Geschichte Bismarcks ist geschrieben worden, eine Veröffentlichung nach der anderen; keine Zeile, die nicht ausgegraben würde und wieder und wieder abgedruckt und verglichen! Gegenüber dieser überreichen Geschichte Bismarcks ist die gleichzeitige Geschichte der Parteibewegungen der Reichsgründungszeit dünn und mager geblieben. Im Grunde besitzen wir nur zwei wirklich grundlegende geschichtliche Arbeiten über die Parteigeschichte des Bismarckischen Zeitalters, beides Biographien hervorragender Parteiführer: Die eine die Biographie von Hoverbeck, eines führenden Mannes der alten Fortschrittspartei, geschrieben von seinem Freunde Parisius, und die andere, vor kurzem erst erschienen, die Biographie v. Bennigsens, geschrieben von Oncken. Natürlich kann ich mit der Ausführlichkeit, mit jener sachlichen Einzelvertiefung, mit der die eben genannten Arbeiten der politischen Parteigeschichte nachgehen, an diesen vier Abenden nicht zu Ihnen reden. Hier kann ich nur im allgemeinen einen Ueberblick zu geben versuchen, und ich muß mich mit Absicht bemühen, alles Kleine, Nebensächliche, nur der Zeit Angehörende fortzulassen, um mit wenigen festen Strichen und Grundlinien Sie durch ein halbes Jahrhundert deutschen Parteilebens hindurchzuführen. Und indem ich dieses versuche, so teile ich den Stoff und nehme zwei Abende für die äußere Entwicklungsgeschichte des

Parteilebens, für ihr gegenseitiges Kämpfen, wie eine Partei nach der anderen auftritt und wie sie schließlich übereinandergelagert sind, gleich geologischen Schichten. Die anderen zwei Abende aber reden wir dann von ihrem prinzipiellen Inhalt, ihren Programmen, von dem, was sie gewollt haben und heute noch wollen.

Die Parteigeschichte, mit der wir uns also zunächst zu beschäftigen haben, fängt in Deutschland im sturmbewegten großen Jahre 1848 an. Es gab zwar schon vorher Parlamente, aber das waren die Parlamente der mittleren und kleineren Staaten. Die Bayern haben ihren Landtag seit 1819, die Württemberger einen Landtag seit 1820, die Sachsen seit 1833. In jenen älteren und kleineren Landtagen gab es gewöhnlich eine Richtung rechts und eine Richtung links, eine Adelsbank und eine Demokratenbank, und eine ganze Anzahl von Abgeordneten, die in der Mitte drin, einmal der einen Seite recht gaben und ein anderes Mal der anderen; aber fest umschriebene Parteien mit bestimmter Tradition und organisiertem Zusammenhalt gab es noch nicht. Eine gewisse Größe des Staatslebens ist nötig als Voraussetzung der Parteientstehung, und erst von da an wuchsen Parteien, als das ganze Volk einmal politisch durchgerüttelt wurde. Das erste Mal, wo innerpolitisch die deutsche Nation wirklich in der Tiefe ergriffen wurde, war eben im Jahre 1848. Damals gab es zwei konstituierende Versammlungen: Die eine allgemeine deutsche Tagung in Frankfurt a. M. in der Paulskirche und die andere hier in Berlin, die preußische Nationalversammlung. Nachträglich möchte man wünschen, es hätte nur eine solche Versammlung gegeben, denn die deutsche Geschichte wäre viel einfacher geworden, wenn die Bewegung des Jahres 1848 sich nicht in zwei verschiedene Ströme geteilt hätte.

Aber wir sind nicht zusammengekommen, um zu bedauern oder zu verurteilen, sondern um zunächst einmal zu verstehen, was geschehen ist. Und deshalb gehen wir in Gedanken nur einen kurzen Augenblick zu den Männern der Paulskirche, von denen man sagt, daß sie ihre Zeit mit theoretischen Reden über Menschenrechte und über die denkbar beste Form des Staates hingebracht hätten. Ja, sie haben viel geredet; das aber tun heute die Parlamente auch! Sie haben meist sehr prinzipiell geredet; das aber muß ein Parlament tun, welches noch nichts anderes vor sich hat als eine Zukunft, die erst aus den Nebeln herausgehoben werden soll. Sie haben es mit viel Geist und Ideen getan als die Kinder der philosophischen Periode unseres Volkes, und ich weiß nicht, ob es ein so großer Schaden war, daß sie gelegentlich etwas mehr Ideen hatten als im allgemeinen Tagesgebrauch von heute gewöhnlich nötig scheint. Denn wenn jene Männer in der Paulskirche nicht mit gestaltender Idee an die Dinge herangegangen wären, hätten sie nicht beim Sterben ihrer Zusammenkunft jene Verfassung hinterlassen, die dann Bismarck nur aufzugreifen brauchte, als er für das Deutsche Reich eine Verfassung brauchte. Jene Versammlung in Frankfurt hatte ihre deutlich unterschiedenen Gruppen, und die Hauptunterschiede dieser Gruppen ergaben sich aus der ersten Frage des damaligen Deutschtums, ob man österreichischer oder preußischer Führung sich unterwarf. Die österreichisch Gesinnten, das waren die Großdeutschen, die preußisch Gesinnten, das waren die Kleindeutschen. Außer diesem Unterschiede, der vielfach zugleich ein Unterschied zwischen Süd und Nord war, fand sich dann der andere Unterschied zwischen denen, die mehr Republikaner, und denen, die mehr Monarchisten waren, den deutschen Republikanern, jenen alten Demokraten und den Erbkaiserlichen, die dann nach Berlin zogen und Friedrich Wilhelm IV. eine Krone anboten, die er nicht nehmen wollte. Weil aber also das Frankfurter Parlament einen vergeblichen Weg nach Berlin gemacht hatte, so waren auch die Ansätze zur Parteigruppierung, die sich dort bildeten, vorläufig verloren, und wir werden sie erst dann wiederfinden, wenn wir hinter dem Jahre 1870 den Anschluß der Süddeutschen an den Norddeutschen Bund besprechen.

Inzwischen aber entwickelte sich ein gewisses Parteileben in der Berliner Nationalversammlung. Auch diese hatte natürlich, wie jede neue erste derartige politische Vertretung, noch kein festgefügtes System von Parteien, aber es gab Royalisten und Demokraten. Man sagte noch nicht: Konservative (dies Wort ist spätere Erfindung), sondern man sagte: die Royalisten oder Königstreuen; Manteuffel, Bismarck usw. Auf der anderen Seite aber saßen die unentwegten ehrlichen und echten Demokraten, die Jakoby und Waldeck. Zwischen ihnen eine Mitte: rechtes und linkes Zentrum. Damals bedeutete das Wort Zentrum noch nichts Katholisches; damals bedeutete es ganz wörtlich: das, was zwischen den Royalisten und den Demokraten in der Mitte ist. Und ungefähr mit dieser Gruppierung saß man nachher auch im preußischen Landtage. Der preußische Landtag ist von nun an die Stätte, wo die deutsche Parteigeschichte anfängt und solange verläuft, bis dieser Landtag selbst überwunden wird, teils durch Bismarck und teils durch den norddeutschen Reichstag. Die Landtagsparteigeschichte haben wir deshalb zu berichten von Anfang der 50er Jahre bis zum Jahre 1866; später aber können wir den Landtag ruhig verlassen, denn später wird er stiller und stiller, bis er ungefähr das geworden ist, was heute preußische Volksvertretung heißt.

Innerhalb der Zeit, in der der preußische Landtag parteibildend war, müssen wir zwei Perioden unterscheiden: eine erste stille Periode während der 50er Jahre bis dahin, wo Friedrich Wilhelm IV. seine Regierungstätigkeit aus den Händen gibt, und dann jene zweite Zeit, die mit der neuen Ära begann, als Wilhelm I. König wurde und in der Bismarck seinen Militärkonflikt gegenüber der preußischen Kammer auskämpfte.

Zunächst also gehen wir zu jener ersten stilleren Zeit. Da ist die Linke sehr schwach vertreten. Da die Liberalen über die oktroyierte Verfassung sich beklagten, über das ihnen aufgedrungene, noch heute geltende Wahlrecht, so sagten sie: wir werden uns unter diesen Umständen zurückhalten und durch unseren schweigenden Protest unsere verurteilende Meinung über die Untauglichkeit dieser Einrichtung kundgeben! Es hat sich aber damals gezeigt, eine Lehre für alle weiteren Zeiten, daß unter allen Formen des Protestes der schweigende Protest politisch der unwirksamste zu sein pflegt. Die Anderen nämlich ließen es sich gut gefallen und besetzten die Plätze — sie waren ja dazu da, besetzt zu werden —, und zeitweise nannte man infolgedessen den Landtag die Landratskammer, weil es viele Landräte für das bequemste hielten, nicht erst jemand anders vorzuschlagen, sondern selbst vorgeschlagen zu werden. In jenen Zeiten war ein wirkliches Parteisystem noch gar nicht nötig. Man verstand sich auch ohne das untereinander, und an der Stelle, wo später Parteirichtungen sich bildeten, finden wir Personalgefolgschaften, teils genannt nach ihren ersten Führern, teils genannt nach den Gasthofsräumen, in denen man sich zu versammeln pflegte. Ich gebe z. B. aus dem Jahre 1855 die Gruppierung der damaligen preußischen Volksvertretung. Sie heißt: Fraktion Graf Schlieffen: 24, Fraktion von Arnim: 64, Fraktion bei Tietz (das ist einer der vorhin erwähnten Fälle): 20, Fraktion Karl (liegt wohl ähnlich): 20, Fraktion v. Patow (die geht schon weiter nach links): 40, Fraktion von Vincke: 18, Fraktion v. Bethmann-Hollweg: 33, Fraktion Reichensperger-Mallinckrodt (das ist die katholische Gruppe): 53, die Polen: 11 und ohne allen Anschluß: 69. Aber auch die Gruppenglieder waren keineswegs so fest gebunden, daß es wie ein Bekenntnisakt oder wie eine Verleugnung erschien, wenn einer eines Tages bei Tietz oder bei Karl auftauchte, um dort an den Beratungen teilzunehmen. Und vor allem die Bevölkerung, die diese Abgeordneten wählte, wählte mehr den Mann und weniger die Partei. Sie schickte einen Mann nach Berlin; der soll sich die Dinge dort erst einmal ansehen, wo er am besten Anschluß finde. Der Abgeordnete sucht sich die Partei. Partei ist damals fast nur ein Instrument innerhalb der Volksvertretung, um für die parlamentarischen Beschlüsse die Vorarbeiten und Vorbesprechungen zu machen.

Das wird anders, sobald die neue Ära kommt. Der bisherige Kronprinz Wilhelm wird Regent und später König, und da die Kronprinzen nach einer weisen Einrichtung der Weltgeschichte immer etwas anders zu sein pflegen als die bis dahin gewesenen Könige, so kam auch damals vieles, was vorher unterdrückt war, und was bisher sich kaum regen konnte, an die freie Luft. Es schien, als ob alte Träume aus den 40er Jahren wieder leise aufgewacht wären, sowohl auf dem Gebiete der allgemeinen Kultur und Religion, wie auf dem der Politik. Damals entsteht mit einem Male eine große liberale Vertretung im Landtag, in bester Harmonie mit der neuen Regierung. Hoffnungsvolle Gemüter, wie Lasker, dachten, in derselben idyllischen Weise, wie bis zum Jahre 1858 die Regierung mit einem royalistischen Landtage gearbeitet habe, so werde sie nun mit einem liberalen arbeiten. Die entschiedeneren Liberalen aber verlangten ihrerseits etwas anderes als diese Idylle. Sie brachten den Gedanken aus Frankreich und aus England und aus der ganzen Literatur ihrer Bewegung, daß die Volksvertretung einen bestimmenden Einfluß auf das Regiment haben müsse. Bei der Militärvorlage wurden die Kräfte gemessen, und es beginnt um die dreijährige Dienstzeit und um die Ziffern der Militärkaders jener große innerpreußische Kampf, der lebendigste und längste aller parlamentarischen Kämpfe, die überhaupt in Deutschland durchgefochten worden sind.

Damals erst in diesem Kampfe entsteht das Bewußtsein, daß die Volksvertreter das Volk hinter sich haben müssen, wenn sie etwas durchsetzen wollen. Solange nämlich Regierung und

Volksvertretung die Sachen untereinander in harmlos fröhlicher Weise erledigen, ist die Frage, ob die Staatsbürger im Hintergrunde damit zufrieden sind und das alles auch so haben wollen, eine relativ nebensächliche. Die Staatsbürger werden behandelt wie Aktionäre einer sehr großen Aktiengesellschaft, bei der es auf den einzelnen eigentlich nicht ankommt. Hier aber, wo man zum ersten Male die Kräfte gemessen werden sollten, da wurde der politische Satz unmittelbar den Zeitgenossen deutlich, *daß eine Volksvertretung genau so viel Kraft hat, als sie Volkswillen vertritt.* In dem Maße aber, in dem ihr der fehlt oder schwach wird, wird sie selber schwach, denn in dem Maße appelliert der König unmittelbar über die Köpfe der Abgeordneten hinweg an die Bevölkerung. Und es waren darum jene Liberalen, sobald sie in den Konflikt mit der königlichen Regierung hineingeraten waren, nun durch ihre Lage genötigt, ganz anders in die Bevölkerung hineinzugehen, Reden zu halten und aufklärend zu wirken. Wir sollen uns nicht vorstellen, daß das schon so viele und so lange Reden gewesen wären, wie etwa bei einem Wahlkampf unserer Tage. An einen derartigen Luxus gesprochener und gedruckter Worte dachte man auch in den leidenschaftlichsten Kämpfen jener Zeit noch nicht, sondern man ging in die Hauptplätze, höchstens in die kleinen Städte, man erwartete aber, daß die Vertreter der Ortschaften dorthin kamen; was man einigen von ihnen dann sagte, das wurde draußen auf den Dörfern von den übrigen gutgeheißen und ausgeführt. Aber immerhin, mit dieser Zeit beginnen Wahlkämpfe. Die Regierung versucht militärfreundliche, ihr genehme Kandidaten unterzubringen. Die oppositionellen Mehrheitsparteien des Landtags versuchten, ihre Mehrheit festzuhalten. In diesem Doppelkampf entsteht die *Fortschrittspartei* auf der einen Seite und die *konservative Partei* auf der anderen Seite, und damit entsteht die Grundform des später so verwickelten deutschen Parteisystems. Der Aufruf zur Gründung der Fortschrittspartei stammt aus dem

Juni 1861. Unter diesem Aufruf stehen eine ganze Anzahl Namen, die noch heute einen guten Klang haben. Es finden sich unter diesem Aufruf: Forckenbeck, Hoverbeck, Schultze-Delitzsch, Mommsen, Virchow, Langerhans und andere. Diese bauten sich eine eigentliche Partei. Aus einer ganz kleinen Gruppe, die man Jung-Littauen nannte, bildeten sie sich in kurzer Zeit einen politischen Körper, der zum ersten Male das Vollgefühl empfand, in einer verantwortungsvollen politischen Aktion Schritt um Schritt gemeinsam miteinander zu marschieren. Alle jene fröhlichen Gefühle des Überschwanges, die daher kommen, daß man sich zusammengefunden hat und nun glaubt, miteinander die Welt erobern zu können, standen in diesem Kreise auf. Diese Partei ist die erste gewesen, die die Forderung der Einigung Deutschlands auf ein politisches Programm gesetzt hat. Sie haben mit demokratischen Sinn auf der einen Seite und mit gesamtdeutsch-nationaler Stimmung auf der anderen Seite ihre Fanfaren geblasen, als die Kreuzzeitung noch von Nationalitätsschwindel nichts wissen wollte. Das war in jener Zeit, wo jeder politische Gedanke überhaupt der Mehrheit der Bevölkerung noch etwas Neues und Großes war; und in der Tat die Hoffnungen jener fortschrittlichen Partei wären stark genug gewesen, eine Epoche in Preußen und Deutschland zu gestalten, wenn nicht ein so ausnahmsweise starker, rücksichtsloser und realistischer Gegner ihnen entstanden wäre wie Bismarck.

Die erste wirkliche deutsche Partei mußte gleich an den stärksten deutschen Mann anrennen! Sie hatte die Mehrheit, denn im Landtag sah es um das Jahr 1863 folgendermaßen aus: Die Fortschrittspartei besaß für sich allein 141 Sitze, die ihr benachbarte und gesinnungsbefreundete Partei, linkes Zentrum, 106. Beide zusammen hatten eine absolut sichere Mehrheit von 247 Plätzen, und alles andere nahm sich demgegenüber klein und dürftig aus, denn die Konservativen hatten 35, die Katholischen hatten 26, die Polen auch 26, fraktionslos waren 18; kurz, was nicht zur Mehrheit gehörte, wenn man alles zusammennimmt, betrug 105. Und doch wirft Bismarck diese Mehrheit, denn das Parlament hat nichts in seinen Händen als den Beschluß, als die Resolution. Es hat an sich keine ausführende Gewalt, es gewinnt nur ausführende Gewalt, wenn die Regierung glaubt, sie könne nicht anders, als dem Beschluß folgen. Eine Regierung, die nicht glaubt, daß sie dem Beschluß folgen muß, kann sich dem Beschluß gegenüber aufstellen, riskiert nur, daß die Volksmehrheit sich eines Tages gegen sie wendet und sie selbst dabei verspielt. Das ist das Risiko, auf das hin Bismarck in diesen Kampf hineingegangen ist. Er hat später selbst anerkannt, die Fortschrittler hätten ihn nicht genug kennen können, um zu wissen, was bei seiner Tätigkeit herauskam. Sie hatten ihr menschliches Recht, dem einen zu mißtrauen, der sich dem Willen der vielen in einer so harten, spielenden, gewaltsamen Weise gegenüberstellte, wie Bismarck es getan hat. Aber die Mehrheit imponierte ihm nicht, weil er nicht glaubte, daß der Wille der Mehrheit aus Metall wäre. Weil er annahm, die Beschlüsse der Mehrheit seien Ausfluß einer Gesinnung, die auch wieder verfliegen könnte, konnte er sie mißachten. Und die Geschichte gab ihm recht: Die Gesinnungen des Konflikts verflossen, weil der Krieg vom Jahre 1866 alle inneren Fragen, die bis dahin so hart umkämpft waren, verschüttete und das ganze Volk vor vollständig neue Verhältnisse stellte. Am Tage der Schlacht von Königgrätz ist die alte Fortschrittspartei zu Ende gegangen. Es war ein geschichtlicher Zufall, daß gerade an demselben Tage, an dem dort in Böhmen um die Herrschaft zwischen den Habsburgern und Hohenzollern gekämpft wurde, in Preußen die Wahlen für den Landtag ausgeschrieben waren. Da kamen die Wähler zur Stimmabgabe mit dem Gefühl: es ist Krieg! Wenn Krieg ist, hat derjenige recht, der für die Soldaten gewesen ist. Die anderen waren auch nicht gegen die Soldaten, aber sie waren gegen die Militärvorlage gewesen. Und eine Erfahrung, die wir später so und so oft im politischen Leben wieder gemacht haben, ist: die Bevölkerung unterscheidet nicht, ob die betreffenden Parteien bloß gegen diese eine Vorlage gestimmt haben oder gegen die Sache selbst. Die Wähler sagten zu denen, die zuerst die deutsche Einigung auf ihr Programm geschrieben haben, die die Idee der deutschen Macht am lebendigsten gehabt hatten, mehr als irgendeine andere Gruppe, zu denen sagten sie: Ihr seid gegen das Militär gewesen, und jetzt, wo der Krieg da ist, jetzt werden wir für die unsere Zettel abgeben, die für die Soldaten gestimmt haben. So gingen sie hin und gaben viele Stimmzettel für die Konservativen ab — und inzwischen schossen da drüben die Kanonen, und der Kronprinz kam über das Riesengebirge, und bei Königgrätz wurde die Entscheidung geschlagen. Und wäre die Wahl noch acht Tage später gewesen, so wäre sie noch ungünstiger für die bisherige Mehrheit ausgefallen, denn dann wäre diese von dem Siegesjubel über Königgrätz erst recht hinweggeschwemmt worden. Der Tag von Königgrätz hat vielerlei zugleich entschieden: einmal die Herrschaftsfrage, ob Deutschland von Wien aus oder von Berlin aus regiert werden solle, die Frage, ob das deutsche Schwergewicht nahe den Alpen, inmitten des europäischen Kontinents liegt oder an die Wasserkante der Nord- und Ostsee gerückt wird. Die Schlacht von Königgrätz hat entschieden zwischen dem wesentlich katholischen Staate der Oesterreicher und dem wesentlich protestantischen Staate der Preußen. Sie hat aber auch entschieden zwischen Krone und Volksvertretung. Denn jener Kampf um die Macht, ob die Volksvertretung stärker sei oder die Krone, wäre vermutlich ganz anders ausgelaufen, wenn die Krone militärisch einen Verlust erlebt hätte. Das, was patriotisch betrachtet ein Glück war, der Sieg nach außen, bedeutete im Innern bei dem Zusammenhange aller politischen Dinge untereinander zugleich die empfindlichste Niederlage des Rechts und der Macht der Volksvertretung. Es war Weltgeschichte gemacht worden, Weltgeschichte im großen Stile, und diese Weltgeschichte hatte nicht der Landtag gemacht, sondern der König von Preußen mit seinen Ministern und Generälen. Und weil das so war, deshalb verschob sich nun auch die Mehrheit im Landtage. Bisher hatten diejenigen die Mehrheit, die da warnten vor allzu schweren militärischen Rüstungen. Jetzt wird der Landtag und nach ihm der Reichstag ohne weiteres militärfromm auf Grund dieser einen schweren und erschütternden Erfahrung. Es bildet sich im Landtag hinter Königgrätz ein neues Parteisystem. Die große Zeit der Fortschrittspartei ist vorüber. Die Partei besteht weiter, wir werden sie immer noch wiedertreffen; wir werden sie in ihren Fortsetzungen verfolgen können bis heute und hoffentlich noch weiter in bessere Zukunft hinein. Aber von damals an hat sie nicht wieder im Vordergrunde der Führung gestanden, sondern nun kommen der Reihe nach die anderen ans Ruder.

Die nächsten, die jetzt zur Führung gelangen, sind die Nationalliberalen. Eine Partei, die bis gestern nicht vorhanden ist, schießt heute aus dem Boden heraus, eine neue Partei, die von da an, wo sie überhaupt existiert, auch führt. Das würde sie nicht gekonnt haben, wenn sie nicht aus den bisherigen führenden Elementen der oppositionellen Mehrheit viele in sich aufgenommen hätte. Ein Teil der alten Fortschrittler machte seinen Frieden mit Bismarck. Sie gingen in sich und sprachen: sollte er nicht doch recht gehabt haben? Oder sie gingen nicht in sich, aber schauten um sich und sprachen: er hat recht behalten! Und es gingen Lasker und Forckenbeck, v. Unruh und Twesten und ganze Reihen von alten Fortschrittlern nun, nachdem die Tatsachen gesprochen hatten, hinüber in das Lager dessen, für den die Geschichte gesprochen hatte, in der Überzeugung, daß sie damit zugleich der liberalen, demokratischen Richtung, der sie angehörten, den größten und wichtigsten Dienst tun. Im Grunde kamen sie zu spät! Wenn sie einmal mit Bismarck zusammengehen wollten, hätten sie es vor Königgrätz tun sollen, denn dann hätte dieser Staatsmann etwas Greifbareres für ihre Mitwirkung gegeben als jetzt, wo er mit Ehren und Ruhm gekrönt vom Schlachtfeld heimkam und ohne Mühe Indemnität erlangte für alles, was geschehen war. Jubelnd bekam er sie; die antibismarckische Opposition ist gebrochen, eine andere Zeit bricht an! Zu jenen alten Fortschrittlern aber, die jetzt nach der Schlacht Bismarckischen Liberalismus begründeten (zunächst im Landtag und dann im entstehenden norddeutschen und deutschen Reichstag), kamen nun aus den neuen preußischen Provinzen diejenigen Elemente hinzu, deren Streben schon in allen den seitherigen Jahren gewesen war, dem ersten führenden Staate Deutschlands anzugehören, d. h. mit anderen Worten: die Männer des Nationalvereins verbanden sich mit den zu Bismarckfreunden gewordenen Fortschrittlern. Im Nationalverein hatten die Führung die zwei klugen und in der deutschen Geschichte unvergessenen Hannoveraner von Bennigsen und Miquel. Bennigsen hatte schon drüben im Hannöverischen eine sehr beachtliche Rolle im dortigen Landtag gespielt, war kein Neuling im Kampfe des Parlaments und trat sozusagen von vornherein als geborener politischer Führer in das Land hinein, dessen Bürger er erst eben in diesem Jahre wurde. Mit ihm kam eine ganze Zahl von Bildungsvertretern, denen die Idee des deutschen Nationalstaates die gewaltige Hauptidee der Zeit war. Wenn wir an dieser Stelle Männer nennen wie Gneist und Treitschke, so erinnern wir damit nur an einzelne, hinter denen ganze Legionen gestanden haben. Sie alle gaben dem Gefühl Ausdruck: jetzt endlich kommt der große, langersehnte Tag, da wir Nationalität werden! Unter Bismarcks Führung geschieht es, und wir sind es, die dazu mithelfen sollen, wir, die Nationalliberalen! Fast alles, was gebildet war in Stadt und Land, wurde nationalliberal. Es war damals nicht so, daß etwa nur bestimmte Wirtschaftsgruppen nationalliberal waren. Wir finden unter den Nationalliberalen eine Menge alten und eingesessenen Adels. Wir finden unter den Nationalliberalen große und kleine Kaufleute aller Konfessionen. Wir sehen unter ihnen Bauern, Handwerker, Mittelstand, Arbeiter — es war einfach die große Volkspartei, die damals das Deutsche Reich schuf und begrüßte. Wieviel alte Demokraten sind zu ihr übergegangen! Es war so selbstverständlich in den meisten protestantischen Gebieten, nationalliberal zu sein, wie es heute im Osten Berlins selbstverständlich ist, Sozialdemokrat zu sein, so daß man nicht fragt: Bist du es?, sondern nur noch im Ausnahmefalle fragt: Warum gehörst du denn nicht zu der Partei? So war diese Partei der Normalausdruck dieser Zeit.

Und doch, so verbreitet die nationalliberale Partei war, so sehr sie die parlamentarische Führung hatte und viel Geist und Geister besaß, Bismarck behandelte auch sie im Grunde nicht sehr viel anders als vorher die alten Fortschrittler. Sicherlich zwar war er gegenüber den Nationalliberalen sehr viel höflicher, denn sie waren als Partei und vielfach auch persönlich außerordentlich gut mit ihm befreundet. Sie kamen zu seinen Abenden und er sagte ihnen Liebenswürdigkeiten. Aber unter allen Liebenswürdigkeiten vergaß man beiderseitig nicht, daß man um die Macht im Staat miteinander rang, denn jene alten Nationalliberalen dieser Zeit hatten noch das Ideal von Ministern, die der Volksvertretung entsprechen mußten, jenen Gedanken von den verantwortlichen Ministern, die der Mehrheit des Parlaments entsprechen sollten. Sie wollten ein parlamentarisches Ministerium. Bismarck aber wollte ein ministerielles Parlament, ein Parlament, welches glatt mit dem Minister ging. Immer hat er die Hände drüber gehalten, daß nur nicht zuviel Parlamentarismus ins deutsche Wesen hineinkam. Er ließ zwar das allgemeine Wahlrecht der Frankfurter Verfassung in den Norddeutschen Bund und in die Reichsverfassung hinein, zum guten Teil aber deshalb, weil man das allgemeine Wahlrecht damals für eine konservative

Einrichtung ansah. Weil damals (es wundert uns das heute, aber so spielt die Geschichte mit den Menschen) die Sache so lag, daß die Liberalen mißtrauisch waren gegen das Aufgebot der Masse, die als patriarchalisch-konservativ erschien, und weil damals die konservativen Herren ungefähr nach der Meinung des alten, ehrwürdigen Kleist-Retzow dachten: „Wir verlangen von unseren Leuten, daß sie uns wählen, darum müssen wir für sie sorgen," konnte das allgemeine Wahlrecht ebensogut für konservativ wie für demokratisch gelten. In demselben Sinne, in dem heute ein allgemeines Wahlrecht in Rußland eine konservative und direkt reaktionäre Einrichtung sein würde, glaubte man auch damals in Preußen, daß die Menge des Volkes am Wahltage in der Hand dessen sein würde, von dem sie an anderen Tagen abhängig ist. Es schien damals das allgemeine Wahlrecht vielen als ein Gegenmittel gegen das elendeste aller Wahlsysteme, das deshalb als elend erschien, weil es während des Militärkonflikts jene bedrohliche Kraft des Bürgertums in die Höhe gehoben hatte. Man kann also aus der Entstehung des allgemeinen Wahlrechts durchaus nicht schließen, daß Bismarck und die Nationalliberalen ihr Mißtrauen gegenseitig abgelegt und aufgegeben hätten. Aber sie waren aufeinander angewiesen, denn sie mußten nun miteinander arbeiten, die größte Aufgabe erfüllen, die überhaupt einem Parlament gestellt werden kann, nämlich für ein neues Staatswesen grundlegende Gesetze zu geben. Wie anders war das als die Tagesarbeit, die heute Herr v. Bethmann Hollweg unseren Parlamenten überläßt! Jene Aufgabe, binnen kurzen Zeiten die Verfassung des Norddeutschen Bundes und des Deutschen Reiches fertigzumachen und die grundlegende Gewerbeordnung, Justizordnung, Handelsgesetze und eine ganze Fülle von Verwaltungsordnungen und Verwaltungsgesetzen in einem Jahrzehnt neu hinzusetzen, drängte sich an Kanzler und Parlament. Dazu gehörte eine Regierung und eine Partei, die trotz allen gegenseitigen Mißtrauens lernten, miteinander zu schaffen. Und gearbeitet haben sie; darauf beruhte nun ihre Werbekraft im Volke. Und der Sieg über Frankreich half dazu mit. Als die Süddeutschen zum Deutschen Reich hinzukamen, da erst wurde die nationalliberale Partei die Partei aller derer, die vom Bodensee bis nach Memel hin die deutsche Reichseinheit wollten. Die Reichstreuen aus allen Bundesstaaten gingen zu den Nationalliberalen über, und die anderen, die übrigblieben, zerbröckelten als vielgestaltige Opposition. Das war die Formel, unter die Bismarck sein Verhältnis zum Parlament brachte: Reichstreu waren die, welche mit ihm gingen, und Reichsfeinde waren die anderen!

Schauen wir uns die „Reichsfeinde" ein wenig genauer an! Man wird unsere heutigen Parteiverhältnisse durchaus nicht verstehen können, wenn man nur die führende Partei jener Zeit ins Auge faßt und nicht ihr Gegenspiel ebenso genau mitbetrachtet. In Preußen gab es, als die neuen Provinzen zur Monarchie und als die neuen Staaten zum Reiche kamen, eine eben erst entstehende starke nationalliberale Partei in der Mitte. Rechts von ihr eine nicht sehr große preußisch-konservative Partei, die noch mißtrauisch war gegen die neue Entwicklung und die bis in die 70er Jahre hinein ihrem vergangenen Freunde und einstigen Genossen Bismarck nicht verzeihen wollte, daß er so hoch über ihre Köpfe hinausgewachsen war. Auf der einen Seite der Nationalliberalen gab es das, was von der Fortschrittspartei übrig geblieben war. Was aber taten nun die neuen Wähler in den annektierten Provinzen und in den neuen deutschen Einzelstaaten, die plötzlich in dieses Parteigetriebe mit hineingezogen wurden? Alle Reichsfreunde wurden, wie schon gesagt, nationalliberal, die andern aber wußten nicht sicher, was sie werden sollten. Die Katholischen gingen, soweit sie klerikal und antipreußisch waren, zu jener Gruppe Reichensperger-Mallinckrodt, die ich vorhin schon einmal erwähnt habe und die sich durchgehalten hatte bis dahin, und bildeten mit ihr zusammen das Zentrum.

Dadurch, daß die bayerischen Katholiken, die badischen Katholiken usw. nun zu jener alten katholischen Gruppe im preußischen Landtage hinzutraten, und daß in der Person des Bischofs Ketteler ein erster namhafter Führer auftrat, entstand die Zentrumspartei, die dann durch den früheren hannöverischen Minister Windthorst einen überaus geschickten, witzigen und abwartenden Kopf erhielt. Die Nichtkatholischen gingen verschiedene Wege. Zum Teil waren ja auch die Polen katholisch, aber sie verbanden sich nicht mit dem Zentrum, sondern blieben polnisch wie vorher. Der eine oder die zwei Dänen rechneten auch mit unter die Protestler, gehörten aber im Grunde zu den Fortschrittlern. Die Elsässer gehörten aber fast ausnahmslos in das Gebiet der nationalistischen Protestler. Schwierig war die Frage für die Antibismarckianer in Schleswig-Holstein, Hannover, in Oldenburg, Hessen und Mecklenburg. Was machten da diejenigen, die sich durch Bismarck gekränkt fühlten? Sie gingen leider sehr verschiedene Wege. Die Hannoveraner, ein Teil der Mecklenburger und ein Teil der Hessen versuchten die Gründung einer besonderen welfischen Partei. Die Schleswig-Holsteiner hielten sich unter Führung des Professors Hänel zu den Fortschrittlern. Ebenso wendeten sich die Oldenburger zu den Fortschrittlern. Ein Teil der Mecklenburger und Hessen ging denselben Weg. Die Süddeutschen, soweit sie nicht streng katholisch waren und soweit sie nicht bismarckisch wurden, besaßen jene alte demokratische Stimmung aus der Paulskirche, jene demokratische Grundstimmung, die trotz aller anderen Unterschiede ganz Süddeutschland durchzieht. Dort ist ja heute noch der Klang von 1848 etwas viel anderes und lebendigeres als in Berlin; da gibt es eine politische Erinnerung an etwas, das das ganze Volk in den Tagen der Väter ungefähr gleichmäßig durchlebt hat. Diese alten Demokraten blieben süddeutsch-partikularistisch, gingen nicht ohne weiteres zum norddeutschen Fortschritt, sondern machten ihre eigene süddeutsch-demokratische

Partei. Auf den merkwürdigsten Wegen aber wandelten die partikularistischen nichtbismarckischen Sachsen. Ein Teil schloß sich der damals neuentstandenen Sozialdemokratie an, aber wenige noch. Die anderen gingen teilweise auf dem Umweg über den Kammerfortschritt, andere ohne diesen Umweg zu den Sächsisch-Konservativen und waren dort zunächst sächsisch-partikularistisch ungefähr so, wie die Welfen hannöverisch-partikularistisch waren. Es dauerte aber nur ein Jahrzehnt, bis sich die sächsische Besonderheit verlor und dieser Teil in die allgemeine konservative Partei unter preußischer Führung einmündete.

So entstand denn eine ganz buntgemusterte politische Landkarte dadurch, daß die Gegenparteien Bismarcks so überaus verschieden waren und partikularistisch in der Wahl der Parteien, in denen sie politisch tätig sein wollten. Die beiden wichtigsten neuen Elemente aber waren einerseits die Zentrumspartei, über deren inneren Gedankengang und Erfolg ich an einem der nächsten Abende sprechen muß, und von denen ich hier nur sagen kann, daß keine andere Partei so gleichmäßig im Besitze ihrer Wahlkreise geblieben ist wie diese. Sie brachte eine fertige Organisation mit, die nicht erst geschaffen werden mußte. Sie brachte aus alten Vorzeiten mit, daß der Klerus vorhanden ist und die Gewohnheit hat, das Volk zu führen. Was Herr von Savigny vor kurzem gesagt hat: wenn der Klerus seine Tätigkeit einmal von dieser Partei abziehen wollte, was würde aus ihr werden? Das hat vor dreißig Jahren schon ebenso gegolten, wie es heute gilt. Und das zweite Neue war die Sozialdemokratie. Zunächst eine kleine Partei, anfangend mit wenigen Abgeordneten, unter sich streitend, scheinbar immer widerlegt und beiseite geworfen, und dennoch die andern aufregend und die andern zur Parteiarbeit zwingend, weil die Sozialdemokratie eine ganz andere Methode der Agitation mitbrachte. als die älteren Parteien sie vorher gehabt hatten. Ich weiß nicht, ob die Sozialdemokratie ihre Methode aus englischen Erfahrungen mitgebracht hat, oder ob sie Liebknechts besonderer persönlicher Gabe entstammte. Jedenfalls, sie verstand das Wort Organisation. Nicht überall in der Welt haben das die Arbeiter verstanden. In England sind sie lange Zeit fast organisationslos geblieben, in Deutschland aber fingen die Begriffe Arbeiterpartei und Parteiorganismus gleichzeitig an. Hier wußte man regelmäßige Beiträge zu sammeln, Mitglieder festzuhalten und verstand es, nicht nur vor der Wahl zu erscheinen, nach der Wahl aber zu verschwinden. Diese Partei bildete zuerst von allen Parteien einen dauernden Gesinnungsverband, der an sich wichtig war und für den es eine Frage zweiten Grades schien, ob er viele Plätze im Parlament gewann oder nicht. Für die Parteien, die vorher gewesen waren, waren die Wähler sozusagen nur der ferne Hintergrund, an den man sich erinnerte, wenn man ihn unmittelbar brauchte; Berlin lag so weit von jenen Wahlkreisen, die in Schlesien oder Pommern oder irgendwo im großen Lande herumirrten! Die sozialdemokratischen Wähler aber sprachen: wir sind die Partei, nicht die Leute, die dort in Berlin uns vertreten! Wir selbst formieren den politischen Körper und dann schicken wir jemand hin, er mag heißen, wie er will! Das Schwergewicht der Partei wird auf diese Weise aus dem Parlament in die Wähler verlegt, und damit wird die ganze Methode der Arbeit intensiver, aufreibender, opfervoller. Ein Teil der Aufregung der bürgerlichen Klassen über die neue sozialdemokratische Konkurrenz beruht eben auch darin, daß die Sozialdemokratie sie zwang, allmählich eine andere Methode des Arbeitens von ihr anzunehmen.

Aus allen jetzt von mir dargestellten Parteielementen bildet sich der deutsche Reichstag in der ersten Hälfte der 70er Jahre. Ich gebe die Zusammensetzung von 1874. Der Liberalismus besteht aus 152 Nationalliberalen und 49 Fortschrittlern, die zusammen mit 201 Plätzen eine vollständige Mehrheit haben für alle die Dinge, in denen sie einig sind. Sie gingen gemeinsam im allgemeinen in gewerbepolitischen und juristischen und ähnlichen Fragen. Sie gingen aber verschieden in militärischen und ähnlichen Dingen. Alle Nichtliberalen waren die übrigen, der Hintergrund: das Zentrum schon damals mit 91, die Polen und andere Protestler mit 30, die Konservativen mit 21, die Reichspartei, das sind die Bismarckischen Konservativen, mit 33, die Sozialdemokraten mit 9. Das ist die Zusammensetzung, in der die großen Kulturkampfdebatten geführt wurden, in denen alle ältesten Fragen der Weltgeschichte: Papst und Kaisertum, Staat und Kirche aus beredtem Munde zwischen Windthorst und Bennigsen unter Falks ministerieller Führung durchgekämpft worden sind. Während dieser Kämpfe schien es, als ob die, die in der führenden Partei standen, gar nicht könnten beiseite geschoben werden. Und doch, die große führende nationalliberale Partei war ein lockeres Gewebe, so locker, daß sie trotz allen Glanzes und trotz aller unbestreitbaren, unvergänglichen Verdienste in verhältnismäßig sehr kurzer Zeit in die Minderheit geworfen werden konnte. Die Geschichte der Nationalliberalen spricht sich in folgenden Ziffern aus. Im Jahre 1874 waren sie: 152, im Jahre 1877: 127, im Jahre 1878: 98, im Jahre 1881: 45! So konnte eine große Partei in 7 Jahren zusammenbrechen! Diesen Umschwung wollen wir miteinander noch betrachten.

Es war ein Umschwung, der teils in Bismarck beruhte und teils in Parteiverschiebungen, die sich inzwischen gleichsam unterirdisch vollzogen hatten. Rede ich zuerst von Bismarck! Bismarck in der Fülle seiner Macht hatte das Gefühl, daß er nicht mit einer Partei immer arbeiten mochte, denn die eine Partei wird ihm sonst zu unentbehrlich. Im Laufe der Zeit, wenn er einmal nicht mehr mit ihr gehen wollte oder wenn er den irdischen Schauplatz verließ, wäre es denkbar, daß diese Partei sozusagen Erbrechte auf Einfluß geltend machen könnte, und diesen Erfolg würde er dem parlamentarischen System nicht gegönnt haben. Er trennte sich aber auch inhaltlich immer mehr von dem Gedankengang des Liberalismus. Er machte seinen Frieden mit dem Zentrum. Falk, Preußens Edelfalk, wie ihn der Kirchenhistoriker Haase nennt, der ausführende Minister im Kulturkampf, wird von Bismarck beiseite geschoben. Bismarck sagte sich beim Tode Pius IX.: Ein neuer Papst, eine neue Welt! Und es war, als hätte man alle jene großen prinzipiellen Debatten darüber, daß Königtum und Papsttum ewig Feinde miteinander sein müssen, nie gehört. In Kissingen spricht er mit dem Nuntius, man findet den Zusammenklang zwischen Krone und Kurie wieder, und diejenige Partei, die im Kulturkampf dem Großen am meisten geholfen hat, ist ihm jetzt am unbequemsten, wo er den Frieden mit seinen bisherigen Feinden sucht. Und dann will er die Reichsfinanzen besser begründen. Wir haben in den letzten Jahren genug Finanzdebatten gehabt, um zu wissen, was das bedeutet. Jenes Defizit zwar, das damals zuerst auftauchte, als man die französischen Milliarden aufgezehrt hatte, war sozusagen noch ein Kinderdefizit gegen das, an welches wir inzwischen gewöhnt worden sind. Aber wenn die Kinder zum erstenmal krank werden, sorgen sich die Eltern viel mehr als wenn sie später schon wissen, wie alles vor sich geht. Jene erste Finanzkrisis in den 70er Jahren erschütterte die Staatsleitung in ganz anderer Weise, als wenn heute in Preußen 100 Millionen Mark Defizit sind oder etwas Ähnliches. Und der Liberalismus jener Zeit bot kein genügendes Finanzprogramm für das Reich. Man stellte sich auf den Standpunkt, der immer für alle Parteien der bequemste ist: die Regierung möge sich ausdenken, woher das Geld zu nehmen ist, wir aber sind dazu da zu kritisieren und unter Umständen nur das anzunehmen, was uns am wenigsten schädlich scheint! Für Oppositionsparteien eine äußerst vorzügliche Maxime, denn sie werden nichts Verfehlteres tun können, als von sich aus als Steuererfinder aufzutreten! Aber von einer führenden Partei, die mit dem Staatsmann darum kämpft, wer von ihnen beiden eigentlich Geschichte machen soll, muß verlangt werden, daß sie auch ihrerseits ein durchführbares Finanzprogramm hat. Das boten die Liberalen ihm nicht und er sagte: durch Zölle oder durch Tabak, jedenfalls auf irgendeine Methode, die ihr bisher für unmöglich erklärt habt, werde ich von mir aus die Finanzen in Ordnung bringen!

Ferner aber beunruhigte sich Bismarck und seine Zeit über die Sozialdemokratie. Wir wundern uns heute, warum man sich damals um die paar Sozialdemokraten so gewaltig aufregte. Es gab im Jahre 1874 9 Sozialdemokraten im Reichstag, im Jahre 1877 waren es 12, 1878 waren es 9, 1881 waren es 12. Wirklich bescheidene Verhältnisse. Aber man empfand das Vorhandensein dieser 9 bis 12 als eine innerliche Unmöglichkeit, und das ganze übrige Deutschland regte sich mit auf über die 500 000 Wähler, die hinter diesen wenigen Abgeordneten standen. Warum? Weil beide Teile an das Wort vom Umsturz glaubten! Der Sozialdemokrat selbst glaubte noch im fröhlichen Jugenddrange, daß, wenn er nur wollte, er der alten Gesellschaftsordnung einen solchen Stoß geben könnte, daß sie weithin in die graue Vergangenheit rollen müßte. Die anderen aber, die solche schrecklichen Drohungen hörten, waren ihrer eigenen neuen Wirtschaft so unsicher, hatten noch kein festes inneres Gefühl, daß dieses neue Deutschland etwas Haltbares sei, so daß sie innere Angst bekamen, diese unbehaglichen Leute könnten recht haben. Weil man auf diese Weise beiderseits an den Umsturz glaubte, wurde es dem, der über beide hinwegsah, leicht, mit dem Gedanken des Umsturzes die bisherigen Parteigegner zusammenzuführen. Bismarck, der früher mit Lassalle wie mit einem angenehmen Gutsnachbarn verkehrt hatte, schilderte nun den Sozialdemokraten sozusagen als eine Ausgeburt dämonischer Gewalten, malte in Holzschnittmanier die Gefahren vor das Volk hin, die sich ergeben würden, wenn man diese 9 oder 12 oder wieviel es waren, ungestört sich vermehren ließe, und drängte die Nation zur Ausnahmegesetzgebung hin. Dem Zentrum nahm man die Kette ab; da man sie aber einmal in der Hand hatte und gewohnt war, sie irgend jemand anzulegen, so legte man sie jetzt auf die kleine sozialdemokratische Partei. Der Liberalismus war selbst scheu, erschreckt über die Neuerscheinung der Sozialdemokratie, aber mitzumachen bei den Ausnahmegesetzen, das war für Bennigsen und seine Gefolgschaft trotzdem sehr schwer, und es hat mehrere Auflösungen gekostet. An dieser Frage ist der nationalliberale Liberalismus dahingegangen, so daß es noch nach 30 Jahren schwer ist, ihn wieder auf die Beine zu stellen.

Und neben dem Ausnahmegesetz trägt Bismarck der Sozialdemokratie gegenüber die Idee der staatssozialistischen Hilfe vor, den Gedanken des christlichen Staates, der durch korporative Einrichtungen die Schwachen stützen müsse, wie es in der Kundgebung Kaiser Wilhelms I. vom Jahre 1881 ausgesprochen wird. Diese staatssozialistischen Gedanken waren dem alten Liberalismus genau so fremd, wie ihm jene Zölle auf Lebensmittel fremd waren, die Bismarck in Vorschlag brachte. Freundschaft mit dem Zentrum, Schutzzölle, Ausnahmegesetz und Staatssozialismus, das war das, was in kurzer Frist von der einen gewaltigen Hand Bismarcks auf den Liberalismus geworfen wurde. Es ist häufig gesagt worden, die Nationalliberalen hätten ihr Schicksal abwenden können, wenn sie williger gewesen wären, in das Ministerium einzutreten. Damit gelangen wir zu einem der merkwürdigsten Vorkommnisse jener Zeit. Im Jahre 1877 gab es verschiedene Besprechungen, in denen Bismarck dem Führer der Nationalliberalen v. Bennigsen den Eintritt in das preußische Ministerium vorschlug. Aber es wurde nichts daraus, und noch heute kann man aus den Briefen und Niederschriften, die in der Biographie Bennigsens von Oncken gesammelt sind, nicht ganz genau sagen, ob beide gewollt haben oder ob nur einer gewollt hat, oder ob keiner von beiden gewollt hat bei diesen Verhandlungen. Rückwärts blickend auf diese sehr schwierigen Dinge läßt sich wohl nur das eine vermutungsweise aussprechen:

Auch wenn Bennigsen in das Ministerium hineingegangen wäre, würde Bismarck dadurch nicht liberal geworden sein, sondern es würde nur die Art, wie die Nationalliberalen von ihm zerdrückt wurden, eine andere gewesen sein. Im Grunde war er innerlich entschlossen, mit dieser Partei Schicht zu machen.

Wie aber bei Bismarck und durch ihn eine Umdenkung sich vollzog, so kamen auch gleichzeitig neue Strömungen von unten herauf. Vor allem änderte sich die Lage dadurch, daß jetzt die Konservativen sich im Deutschen Reich zurechtfanden. Das ist alte Weisheit aller alten Herrschenden: Wenn etwas Neues kommt, protestieren sie immer zuerst: Ja nicht! verhängnisvoll, gefährlich! Ist das Neue aber doch gekommen, dann sprechen sie: Es muß wohl für uns so eingerichtet worden sein! Beispielsweise jene bayerischen Zentrumsabgeordneten, die früher, vor langen Zeiten natürlich, sich nicht genug tun konnten, den Schulzwang überhaupt zu bekämpfen als eine Vergewaltigung des armen und guten Volkes, sagten, nachdem der Schulzwang da war: selbstverständlich muß er auf die Religion ausgedehnt werden! Ist einmal eine allgemeine Einrichtung da, dann wollen auch die alten Herrschenden sie für sich nutzbar machen.

So standen also die Konservativen zum Deutschen Reich. Erst hatten sie hundertfältige Bedenken: wozu denn überhaupt diese Fusion mit den Süddeutschen, wozu denn diese Angliederung von Kleinstaaten? Entweder man nimmt sie ganz oder man läßt sie gehen! Aber als das Reich nun doch als Bundesstaat da war, leuchtete ihnen ein, was für eine schöne Zollgrenze dieses erweiterte Reich abgeben würde; was für ein glänzender Getreidemarkt durch die hervorragende Politik Bismarcks geschaffen sei, und sie fingen an, mit fortgerissen durch den Geist der Zeit, auch ihrerseits zu singen: Deutschland, Deutschland über alles! über alles in der Welt! **Das war der Übergang von der preußisch-konservativen zur deutschkonser-**

vativen Partei. Die Konservativen, die noch vor kurzem die Spalten der Kreuzzeitung mit Anklagen gegen Bismarck gefüllt hatten, suchten mit ihm wieder Fühlung und schufen sich ihr Programm von 1876 und weckten im Lande als Wirtschaftsreformer und Zöllner einen neuen Willen, das Reich auf ihre Weise umzukneten und für ihre Zwecke umzugestalten. Es ist nicht zu leugnen, daß die Liberalen dem gegenüber zu sorglos waren, zu unvorsichtig, sorglos vor allem in der Art, wie sie ihre Parteiorganisationen locker ließen. Viele Wahlkreise waren noch immer auf irgendeinen einzelnen Mann begründet, und wenn nun der eine Mann seine Ansichten änderte oder starb, dann war die Partei im Wahlkreise mit dem einen Manne dahin und oft für alle Zeiten ausgelöscht. Unvorsichtig waren sie aber, indem sie die letzten der vorhandenen Eisenzölle ohne Not aufhoben in einer Zeit, wo man sie ruhig hätte stehen lassen können. Mit diesem Aufheben der Eisenzölle setzte nun die Gegenbewegung der Zöllner ein, die den Gedanken populär machte: wir brauchen viel mehr Grenzschutz!

Das war das Trompetensignal zu einer allgemeinen Erhebung gegen den Liberalismus. In den verschiedensten Ecken begann gegen die Liberalen ein scharfer Wind zu blasen: Sie müssen hinweg! Alle die, denen die moderne liberale Entwicklung zu schnell gewesen war, die von den Milliarden der Franzosen selber nichts mit abbekommen hatten, die im Zeitalter des Verkehrs zu straucheln begannen und sich nicht zurechtfinden konnten, sie alle häuften sich zusammen: Zentrum, städtische Handwerker und ländliche Konservative, Professoren, Pastoren, Studenten. Dieser allgemeine Sturm war für die Nationalliberalen zu stark; sie stürzten, als Bismarck seine Hand von ihnen wegzog. So brach die große Reichsgründungspartei und sank, wie ich vorhin mit Ziffern gezeigt habe, in wenigen Jahren von 150 auf 47 Abgeordnete, und alle anderen Parteien zehrten von der Konkursmasse dieser Partei. Es gewannen bis 1881 von den Nationalliberalen die Deutsch-konservativen 29 Sitze, das Zentrum 7, der Fortschritt 10, die süddeutschen Demokraten 7, die Sozialdemokraten 3, die Welfen 6, und als neue Gruppe spaltete sich links von den Nationalliberalen ab die liberale Vereinigung, die man später freisinnige Vereinigung genannt hat; jene Gruppe, die damals mit 47 Abgeordneten unter Führung Rickerts hinausging aus dem nationalliberalen Lager, um die Schutzzöllnerei nicht mitmachen zu müssen, um den alten Grundsätzen der früheren Nationalliberalen wenigstens ihrerseits treubleiben zu können. Damit war der deutsche Liberalismus zersplittert. Jetzt lag er in Bruchstücken da, im Jahre 1881: 45 Nationalliberale, 47 bei Rickert, 59 bei Richter, 8 bei den Süddeutschen. Die Einheit der liberalen Gesamtbewegung war nicht mehr zusammenzubringen. Die liberale Mehrheit war hinweg, aber eine andere neue Mehrheit war auch nicht vorhanden, sondern der Riese von Friedrichsruh schaute auf ein parlamentarisches Trümmerfeld und überlegte, was er aus den Resten der von ihm zerstoßenen Parteien machen könnte. Das ist es aber, wovon ich hoffe, heute über acht Tage weiter zu Ihnen reden zu können.

2.

Die Parteigeschichte von 1881 bis 1907

Geehrte Versammlung! Das, was uns vor acht Tagen gemeinsam beschäftigte, war der Zusammenbruch der nationalliberalen Partei in den Jahren 1878 bis 1881. Der Führer der Nationalliberalen v. Bennigsen stand im Jahre 1881 an der Spitze einer Partei von 45 Köpfen, während er wenige Jahre vorher mit 150 Köpfen die deutsche Politik beeinflußte. Zwei Jahre später, im Jahre 1883, verläßt er die politische Bühne, um erst später unter anderen Verhältnissen zeitweilig noch einmal auf ihr zu erscheinen.

Der Zusammenbruch der nationalliberalen Partei aber war keineswegs bloß ein parteipolitischer Vorgang, sondern er bedeutete einen Umschwung des Denkens und Fühlens in der Nation überhaupt. Das Jahr 1878 ist einer der merkwürdigen Wendepunkte, an denen Stimmung, Gefühl, Hoffnung und Ideal eines ganzen Zeitalters zu Grabe getragen werden, und andere Wünsche, andere Gedanken, neue Personen und neue Schichten steigen auf und bringen veränderte Formen des Denkens. Das war freilich denen, die es damals erlebten, nicht so deutlich, wie es uns heute, die wir rückschauend jene Zeit betrachten, vor Augen steht. — Vom Jahre 1848 bis 1878 war eine Epoche mit innerlicher Einheitlichkeit, die Epoche des Liberalismus. Von da an beginnt eine andere Epoche, die Zeit der konservativ-klerikalen Vorherrschaft in Deutschland. Sie beginnt unter anderem mit jenem Wort, das der alte Kaiser Wilhelm nach den Attentaten sprach: Die Religion muß dem Volke erhalten werden! Dieses Wort bedeutete: der Kulturkampf ist zu Ende, die Kirche tritt wieder in den Vordergrund! Die Politik des Ministers Falk, die Simultanschule, die Überwindung des Konfessionalismus ist vorbei! Konfessionelle Gesichtspunkte treten in den Vordergrund. Das deutsche Volk, welches in seiner Reichsgründungszeit versucht hatte, ein Einheitsvolk zu werden, tritt wieder in seine alten protestantischen, katholischen und jüdischen Bestandteile zurück. Aber auch sonst ändert sich die ganze Grundstimmung. Das Wort „national" war ein lebendiges Wort der Hoffnung, des Kampfes und des Aufschwunges gewesen. Die größte Veränderung der deutschen Geschichte, die Überwindung der Kleinstaaterei, war unter der Fahne erfolgt: Nation wollen wir werden! Von 1878 an aber hieß das Wort „national" mit einem Male die Ablehnung der nichtstammverwandten Elemente; dann bedeutete nun das Wort „national" die Ablehnung ausländischer Einfuhr in das deutsche Wirtschaftsgetriebe. Das hohe, freie Wort „national" bekam mit einem Male lauter ängstliche Züge: die Fremden können uns schaden, können uns Deutsche überwinden! Während kurz vorher, wenige Jahre vorher, das Wort „national" geklungen hatte wie der sieghafte Schritt der Bataillone, die nach Paris marschierten, so klang es jetzt fast plötzlich wie der Weheruf einer ächzenden Volkswirtschaft, die sich nicht mehr getraut, den Zufluß der weiten Welt zu sich zu sammeln. Und während kurz vorher noch alle miteinander darin einig waren, daß das größte wirtschaftliche Gut die ungehinderte Kraft des einzelnen ist, so wurde jetzt die Kraft des einzelnen verdächtig. Es sollte alles geordnet werden, geregelt, in festes Schema, in normale Kästen hineingebracht. Die Zeit des Aufschwunges hatte ihren Magnetismus verloren, und jetzt kam die Zeit der geschichtlichen Alltäglichkeiten wieder heraus, und alle alten Neigungen und alten Streite und alten Kleinlichkeiten des Deutschtums krochen aus ihren verschiedenen Ecken hervor, um von da an den letzten Teil der Zeit Kaiser Wilhelms und Bismarcks auszufüllen.

Und noch ein anderer Umschwung hat sich in derselben Zeit vollzogen. Als das allgemeine Wahlrecht im Jahre 1867 für Norddeutschland zuerst zur Einführung kam, da wußten die allermeisten Wähler längst noch nicht, was damit in ihre Hand gegeben war, sondern sie benutzten einfach das Wahlrecht, soweit sie überhaupt davon Gebrauch machten, dazu, um diejenigen zu wählen, die ihnen von ihren bisherigen Autoritäten vorgeschlagen wurden. Das gab Parlamente, in denen das juristische und professorale Element eine weit höhere Bedeutung hatte als später. Es war ja auch die Zeit der grundlegenden Gesetze, der juristischen Kämpfe, der großen Kulturkampfdebatten. Inzwischen aber hatte der Wähler zehn Jahre Zeit gehabt, um sich darüber klar zu werden: du kannst doch eigentlich auch Forderungen an den Mann stellen, den du nach Berlin schickst! Und die Forderungen, die der Wähler nun zuerst stellte, entstammten natürlich seinen eigenen unmittelbaren praktischen Interessen. Er fragte wenig nach der großen weltgeschichtlichen Frage, ob Papst oder Kaiser die Führung der europäischen Menschheit haben sollte, auch staatsrechtliche Probleme, ob wir verantwortliche Minister haben müßten oder nicht, berührten ihn wenig; er wollte Wirtschaftliches für sich gewinnen und machte so die Politik zu einer Angelegenheit der Interessen. Nicht als ob die Parteien vorher nicht auch ihren wirtschaftlichen Hintergrund gehabt hätten! Sicherlich haben sie ihn immer gehabt, so gut wie alles irdische Geschehen und alle geistige Entwicklung irgendwie von wirtschaftlichen Dingen abhängt. Es ist sicher, daß die alte konservative Partei stets ihren Haupthintergrund auf den Rittergütern und auf den Pfarrhöfen gehabt hat. Es ist sicher, daß von altersher der Liberalismus bei dem aufstrebenden Unternehmertum der deutschen Städte, insbesondere in den deutschen Seestädten seinen Hauptplatz gefunden hat. Aber die Parteien als solche waren doch nicht eigentlich Wirtschaftsparteien und gruppierten sich noch nicht fest nach wirtschaftlichen Schichten. Wir sehen es ja: beim Fortschritt, bei den Nationalliberalen, bei den Konservativen ist es überall ein Mann aus altem Adel, der die Führung hat. Adel gab es in allen Parteien, Juristen und Geistliche gab es überall, Mittelstand gab es auch überall, selbst Arbeiter gab es bei allen Parteien der alten Epoche. Und nun erst tritt das neue ein, daß der Wähler für sich etwas gewinnen will, daß er seinen Wahlzettel ansieht als eine kleine Anweisung zum Einkauf von Vorteilen. Die Arbeiter unter sozialdemokratischer Führung fingen zunächst damit an, den Wahlzettel als ein Stück eines weiten, großen proletarischen Wirtschaftsunternehmens anzusehen; es rückten bald aber nach ihnen die landwirtschaftlich-agrarischen Kreise heran und benutzten ihre Wahlzettel auf ähnliche Art. So verschwanden die staatsrechtlichen Gesichtspunkte, es verschwindet der Kulturkampf, und es treten an seine Stelle die Fragen: Sozialismus und Zölle. Diese zwei neuen Wirtschaftsfragen beherrschten zunächst die 80 er Jahre, beherrschen aber, wie wir wissen, auch die Zeit, die nachher kommt.

Als Bismarck die Nationalliberalen zerdrückte und das Programm Bekämpfung der Sozialdemokratie und Einführung einer nationalen Schutzzollpolitik aufstellte, hat er wahrscheinlich die Hoffnung gehabt, wenn es die Nationalliberalen nicht mehr gibt, werde es auch ihr Gegenspiel, die Zentrumspartei, nicht mehr geben. Es ist nach verschiedenen Quellen sehr wahrscheinlich, daß Bismarcks Rechnung war: wenn der Kulturkampf beendigt ist, erlischt ohne weiteres auch die Zentrumspartei, denn diese ist ein Produkt des Kulturkampfes. Ja, ein Produkt des Kulturkampfes ist sie wohl gewesen in ihrer Geschlossenheit und Größe, aber als der Kulturkampf vorbei war, blieb die Zentrumspartei, wie sie geworden war, denn sie stand organisatorisch auf sehr viel festeren Füßen als die nationalliberale Partei gestanden hatte. Ich habe Ihnen das letztemal schon gesagt: die Nationalliberalen hätten von Bismarck nicht binnen drei Jahren zerdrückt werden können, wenn sie einen anderen Organisationsuntergrund im Lande gehabt hätten, festgefügte Vereine, beständige Arbeit unter der Wählerschaft, dann wäre selbst eine Macht wie die Bismarcks nicht imstande gewesen, eine Partei mit solcher

Vergangenheit so vollständig in den Hintergrund zu drücken. Das Zentrum hatte und hat seine geborenen Organisatoren in dem katholischen Klerus, und deshalb blieb es fest, als die Nationalliberalen zerbröckelten, und die Festigkeit des Zentrums wurde eine der Tatsachen, die von da an der ganzen weiteren geschichtlichen Entwicklung bis heute ihre Eigenart geben.

Das Zentrum hat im Jahre 1881 seine 98 parlamentarischen Vertreter, und Bismarck ist nun zwar seine bisherige mitregierende Partei los, hat aber überhaupt keine Mehrheit, die ihm gehört, denn Konservative und Nationalliberale zusammen machen in der ersten Hälfte der 80 er Jahre 122 Köpfe, bekanntlich aber braucht man annähernd 200. Es mußte also von da an Bismarck, wenn er etwas durchführen wollte, immer entweder zum Zentrum gehen oder zu den Linksliberalen, und der eine solche Weg wurde ihm anfangs so sauer wie der andere. Er pflegte aber später lieber zu Windthorst zu gehen als zu Rickert oder Richter, und das eben charakterisiert den Verlauf der 80 er Jahre, daß Stück für Stück die Bismarckische Gesetzgebung, sei es auf dem Gebiete der Sozialreform oder des Sozialistengesetzes, sei es in anderen Dingen, nur mit Hilfe des ganzen oder des halben Zentrums zustande kommen konnte. Das war die Zeit, wo er beständig über Reibungen klagte; wo er, der die Publizistik zu benutzen wußte, mehr noch als Bülow hinter ihm die Zeitungsbeeinflussung verstanden hat; wo er die Meinung auf allen Umwegen immer wieder verbreiten ließ, der Parlamentarismus sei unfähig. Denn es gab Tage, an denen die Mehrheit Richter-Windthorst-Grillenberger, wie sie damals genannt wurde, Linksliberalismus, Zentrum und Sozialdemokratie zusammen selbst einem Bismarck Einhalt geboten: wir machen nicht mit, das und das können wir nicht! Diese Politik erschien aber vielfach nur als eine negative Leistung. Dadurch wurden weite Volkskreise eines Parlaments müde, in dem es keine positiv führende Partei gab; müde auch einer Regierung, die sich mit einem solchen Parlament beständig um alle Einzelheiten zanken mußte. Von da aus richteten sich viele Augen, vor allem auch in den liberalen Kreisen, auf den Kronprinzen Friedrich Wilhelm und dachten sich aus, wie es sein könnte, wenn er bald zur Regierung käme, wenn der zweite Kaiser des Deutschen Reiches eine neue Ära anfinge, ungefähr so, wie König Wilhelm es tat, als er Prinzregent in Preußen wurde im Jahre 1858. Mit dem Blick auf diese mögliche Zukunft schlossen sich damals die Freisinnigen zusammen, es erfolgte jene Fusion vom März 1884, in der Richter und Rickert, Hänel, Virchow, Bamberger, Schrader und viele andere, die noch unter uns bekannt und namhaft sind, sich zu einer Partei zusammenfügten in Hoffnung besserer Zeiten. Es lebte in dieser Partei, die sich mit 106 parlamentarischen Mitgliedern zusammenschloß, eine Fülle von Geist und Talent; denn außer Bennigsen, der sich damals zurückgezogen hatte, und Miquel, der die Nationalliberalen immer weiter nach rechts führte, war so ziemlich alles, was an Begabung und Talent von der vorhergehenden großen liberalen Zeit noch übrig war, nach links gegangen, in diese Partei vom Jahre 1884. Viele sehr verschiedene Geister, gesellschaftlich verschieden, verschieden nach ihrem politischen Herkommen, die einen über ein Jahrzehnt und länger unter Bismarcks Hand, die anderen immer in Opposition gegen ihn, die einen mehr militärisch, die anderen mehr antimilitärisch — der Zusammenschluß hätte aber trotzdem glücken können, wenn es nicht so lange gedauert hätte, bis die Zeit eintrat, für die er gemacht war. Bismarck hatte Raum genug, diesen Versuch, einen neuen Liberalismus ihm gegenüberzustellen, gründlich zu bekämpfen. Und er tat es mit der ihm eigenen Wucht aufs rücksichtsloseste, indem er unter Mitwirkung v. Puttkamers den Gedanken des Kampfes gegen den Umsturz in einer Weise verschärfte und vertiefte, daß es schien, als ob Deutschland ein sozialpolitisches Kriegslager sei. Wir, die wir uns an viel größere Ziffern von

Sozialdemokraten im Laufe der Zeit geduldig gewöhnt haben, wir begreifen kaum recht, wie in den 80er Jahren diese beständige Aufwühlung möglich wurde um jedes Blatt Papier, um jeden kleinen Sozialisten, der einmal irgendwo eine kluge oder dumme Rede gehalten hatte. Es gelang aber die Nervosität aufs äußerste zu steigern und damit alles, was liberal war, in die Mitte hineinzupressen zwischen eine Sozialdemokratie, die man durch das Ausnahmegesetz in Fanatismus setzte, und eine Staatsgewalt, die alle nationalen Kräfte nur dazu brauchen wollte, um eine innerdeutsche Bewegung zu ersticken. Jetzt galt nicht mehr der Kampf gegen den äußeren Feind als das oberste Ziel der Staatskraft, sondern das Ziel war, den inneren Feind im eigenen Volke niederzuhalten. In solche Zwangslage hineinversetzt, wurde der geeinte Freisinn von beiden Seiten immer mehr zusammengedrückt und erscheint 1881 mit 106, 1884 mit 67 und 1887 mit 32 Abgeordneten. Diese äußerste Niederdrückung hat allerdings Bismarck fertiggebracht, nicht nur mit Sozialistenkampf, sondern vor allem auch mit jenem *unerhörten Wahlkampf vom Jahre* 1887. Es sind genug hier unter meinen Zuhörern, die noch wissen, wie es damals war in jenem Wahlkampf, für den wir während der letzten Wochen im englischen Wahlkampf ein gewisses Beispiel vor uns gehabt haben. Wenn jetzt aus England geschrieben wurde, daß seit der Zeit der revolutionären Kämpfe des 17. Jahrhunderts England nicht so aufgewühlt worden sei, wie im Januar 1910, so ist das vielleicht eine kleine Übertreibung; aber die Übertreibung selbst spricht davon, wie tief man es auf den britischen Inseln empfunden hat, daß nicht nur die Frage des Steuerbudgets, sondern die Frage: Krieg oder Frieden, die sogenannte deutsche Gefahr, den Engländern in einer Weise an jeder Straßenecke und auf jedem offenen Platze und in jedem Saal in Gehör und Gemüt hineingerufen und -geschrien worden ist; daß ein sonst so verständiges Volk schließlich kaum mehr aus und ein gewußt hat, und alle Nüchternheit, Deutschland zu sehen in seiner ganzen ruhigen, friedlichen Behaglichkeit, ihnen abhanden gekommen ist. So erlebten wir es damals im Jahre 1887, als Bismarck uns vorerzählen ließ, wie schon die Franzosen an der Grenze stehen, wie der General Boulanger kommen würde, wie uns bereits die Kühe weggetrieben würden, und ich weiß nicht, was! Es ging eine Angst durch die Wähler. — Man sollte ein Gesetz machen (Septennat) für eine 7jährige Bewilligungsfrist des Heeres. Die Freisinnigen hatten unter sich abgemacht, daß sie bis zu 5 Jahren Frist zu haben seien. Das wußte Bismarck; darum forderte er 7 Jahre! Wenn wirklich die Kriegsgefahr drohend war, dann war es natürlich ganz gleichgültig, ob man ein Gesetz auf 5 oder auf 7 Jahre machte, denn dann handelte es sich ja darum, die vollen militärischen Bestände morgen und übermorgen in der Hand zu haben. Aber soviel Logik gibt es in solchen Zeiten nicht. Unmittelbare Kriegsgefahr auf der einen Seite und gleichzeitig: es muß das Heer auf 7 Jahre gesichert sein!

Das gab die Parole, mit der Bismarck sich noch einmal eine Mehrheit schmiedete. Die größte Wahlbeteiligung, die Deutschland bis dahin überhaupt erlebt hatte, schuf aus sich heraus eine Bismarckische Mehrheit von 121 Konservativen und 99 Bismarckischen Nationalliberalen, zusammen 220 — und dagegen alle Linksliberalen mit Einrechnung der Süddeutschen nur 34, Sozialdemokraten nur 11! Das Zentrum aber blieb auch dieses Mal wie es war: 98. So kamen sie nun wieder im Reichshause zusammen, und Bismarck hatte auf seine alten Tage das, was er sich solange gewünscht hatte. Endlich hatte er ein ministerielles Parlament, ein Parlament, mit dem er machen konnte, was er wollte, war sozusagen Minister und Parteiführer von oben her. Mit seiner Mehrheit brachte er die Verlängerung der Legislaturperioden fertig; — dann aber legte sich der alte Kaiser Wilhelm I. hin, um nach vieler und langer Lebensarbeit seinen großen Schlaf zu tun, und ein Vierteljahr nach ihm ging Kaiser Friedrich III. auch in das Jenseits, viele Hoffnungen mit hinübernehmend von denen, die vergeblich und lange auf ihn gewartet hatten. Damals verlor die Entwicklung des Deutschen Reiches in der inneren Politik die Auswirkung einer Generation. Wie das Kaisertum vom Großvater auf den Enkel überging, so fehlte auch in der übrigen Politik das, was hinter Bismarck hätte kommen sollen. Es fehlte eine Periode aller derjenigen, die jung gewesen waren gerade in der Zeit, wo das Deutsche Reich erst gehofft wurde. Die Geschichte übersprang den Liberalismus und kam sofort zur Zeit Kaiser Wilhelms II.

Wilhelm II. brachte mit sich, was er von seinem Lehrer Hinzpeter gelernt hatte: ein sozialpolitisches Empfinden, welches anders war als die nur politisch rechnende Bismarckische Sozialpolitik. Dieser Punkt war der erste, an dem die politischen Verschiedenheiten zwischen Alter und Jugend heraustraten. Das Sozialistengesetz, seit 12 Jahren immer wieder vorgebracht und durchgedrückt mit der Begründung, daß Deutschland überhaupt keinen Tag sicher schlafen könne, wenn wir dieses Gesetz nicht hätten — denn dann würden die Dämonen der Tiefe und alle Unholde, die man sich nur ausdenken könnte, gigantisch aufsteigen und dem friedlichen Bürger seine Arbeit unmöglich machen —, dieses Gesetz wurde vom Kaiser nicht für nötig gehalten. Und was dem Ansturm der linken Parteien vorher nie gelungen war, gelang, nachdem man wußte, daß der Kaiser es wollte. Keine Zeit beweist so sehr, wie stark in Deutschland hinter der Bismarckischen Zeit die monarchische Macht ist, als die Wirkungen, die daher kamen, daß an Stelle Wilhelms I. der andersgestimmte Wilhelm II. trat. Das Sozialistengesetz sollte also nicht verlängert werden, und neben jene mächtigen Arbeiterversicherungen, die Bismarck durchgedrückt hatte, um den Arbeiter an den Staatsapparat fest anzuketten, sollte nun ein Arbeiterschutz gestellt werden, wie er aus sozialistischen Kreisen unter Bismarcks Protest gefordert worden war. Das ließ der Kaiser, während Bismarck noch im Amte war, in seinen Erlassen kurz vor der Reichstagswahl von 1890 dem deutschen Volke mitteilen.

So entstanden die Wahlen von 1890 noch unter Bismarck, aber sozusagen ohne Bismarck, als ob er nicht mehr da wäre; Wahlen, die zunächst parteipolitisch nur das eine Ergebnis hatten, die vorhergehende Wahl vom Jahre 1887 wieder auszulöschen. Was aus der Urne herauskam bei diesen ersten Wahlen des neuen Kaisers, lautete: die Konservativen verloren 28, die Nationalliberalen verloren 57! Dort, wo eben noch die Bismarckische Mehrheit von 220 gesessen hatte, blieben jetzt nur 135. Und es gewannen die anderen alle: das Zentrum gewann 8, die Linksliberalen 42, die Sozialdemokraten 24!

Damit war Bismarcks Zeit tatsächlich beschlossen. Denn nun ohne Sozialistengesetz hätte er sich auch nie wieder eine Mehrheit bilden können wie vorher. Es begann die nachbismarckische Zeit: der Versuch, ob Deutschland reiten könnte, nachdem der, der es in den Sattel gesetzt hatte, hinweggegangen war: es ritt, aber mit gewissen Ängstlichkeiten und Schwierigkeiten. Das sicherste in der neuen Zusammensetzung war und blieb das Zentrum. Ich muß diesen Satz immer wiederholen, weil erst von diesem Satz aus alle anderen Probleme und Schwierigkeiten der neuen Zeit klar werden. Das Zentrum ist ausschlaggebend. Nicht regierend! Denn wenn es regierend wäre, dann müßte es selber Minister und Kanzler stellen. Nichts liegt ihm ferner, und nichts liegt dem König von Preußen ferner, sondern sie beide haben sich in das System gefunden, daß eine ausschlaggebende Partei vorhanden ist, die keine Verantwortlichkeit übernimmt, keinen Minister stellt, keinen öffentlichen Auftrag hat, die Geschäfte zu führen. Die Zentrumspartei regiert nicht! Sie regiert auch nicht in dem Sinne, daß etwa alles, was sie will, nun geschehen müßte, denn das Zentrum bleibt immer Minderheitspartei, auch wenn man die Polen und

Elsässer und Welfen und wen noch dazu rechnet. Solange es in Wirklichkeit Konfessionspartei ist, bleibt es eine geborene Minderheitspartei. Es muß immer ergänzt werden, entweder von rechts oder links. Darum kann man nicht sagen: was das Zentrum will, geschieht, sondern man kann nur sagen: Es geschieht nichts, was das Zentrum nicht will! In dieser negativen Formel ist der Charakter der Zeit von 1890 bis 1906 auf das deutlichste ausgesprochen. Das soll heißen: Das Zentrum ist das Maß aller Dinge. Schon in den vorbereitenden Stadien jeden Gesetzes müssen sich die Staatssekretäre jede Vorlage darauf ansehen, ob das Zentrum ungefähr mit ihr einverstanden sein werde. Dann erst kann man ja sehen, woher man die nötigen Ergänzungselemente sich sonst noch sucht. Die können verschieden sein, das Zentrum aber muß immer dabei sein, weil es keine Mehrheit rechts und keine Mehrheit links vom Zentrum gibt, sondern nur eine mit Zentrum nach rechts oder mit Zentrum nach links hergestellt werden kann.

Ueber dieses arithmetisch-politische Problem: läßt sich denn wirklich nichts ohne Zentrum herstellen? haben von da an bis zu Bülow hin — wir kommen ja dann auf ihn — alle Reichskanzler und Staatssekretäre immer wieder ihre Köpfe vergeblich angestrengt. Das, was man mit dem Zentrum machen kann, ist ja gar nicht in jedem Falle etwas an sich Schlechtes. Durchaus nicht! Das Zentrum umfaßt in sich die ganze Abschattierung aller Standpunkte, die sonst in den verschiedenen Parteien vertreten sind; im Zentrum gibt es Aristokraten und Demokraten, Großagrarier und Kleinagrarier, Handwerker und Großindustrielle, gewerkschaftliche Arbeiter und Landarbeiter, alle Gruppierungen, die sonst getrennt marschieren, sind im Zentrum verbunden, so daß es ein ganz sachgemäßer Ausdruck war, als einmal ein Zentrumsabgeordneter sagte: alle Schwierigkeiten, die das Deutsche Reich im großen hat, haben wir vorher im kleinen innerhalb unserer eigenen Partei. Die Zentrumspartei ist sozusagen das

Parlament im Parlament, das für sich allein schon einmal das Ausgleichsverfahren vornimmt, ehe es von den Ministern in die Hand genommen wird. Das Zentrum tritt darum auch immer ein wenig langsam heraus mit seiner Meinung. Während nämlich diejenigen Parteien, die zu besonderen Interessenvertretungen geworden sind, einem neuen Entwurf gegenüber gewöhnlich sehr schnell ihren Standpunkt gewonnen haben und erst ganz langsam sich überzeugen, daß auch sie Konzessionen machen müssen, damit überhaupt etwas zustande kommt, so fängt das Zentrum umgekehrt an und sagt: es sei da der Volksvertretung eine so schwierige Angelegenheit unterbreitet worden, daß nur das eingehendste Studium überhaupt zu einer Beurteilung befähige, und bei der ersten Lesung könne man überhaupt noch nichts Bindendes sagen. Erinnern wir uns aus jenen Jahren, von denen ich jetzt rede: Wenn damals der verstorbene Lieber eine Rede zu einer ersten Lesung hielt, dann lauschte man rechts und links, denn von jedem Ton schien das Schicksal der Vorlage abzuhängen; aber wenn er dann fertig war, so wußte man noch lange nicht, wohin das Parlament im Parlament sich schließlich wenden würde.

Im ganzen aber hat man schließlich doch gesehen, wohin die Fahrt sich richtete. Das Zentrum ging den Weg der Zollfreundlichkeit hinter den Agrariern drein mit etwas langsamerem Schritt. Es ging im übrigen den Weg der vielfachen Einzelgesetze zugunsten jedes besonderen Berufes und Standes. Etwas, was selbst der alte Polizeistaat in der früheren Zeit nicht in dem Maße getan hat, haben wir in der Zentrumsperiode erlebt. Alle wollen ein Extragesetzlein haben und immer wieder eine besondere Bevorzugung, eine besondere Kontrolle, ein neues Stück Beamtenschaft. Alle wollen etwas Sichtbares haben, und allen wird etwas ausgeteilt: da hast du dein Spezialgesetz! Welche Partei kann sich dem entziehen, wenn einmal diese Methode von der größten Partei eingeführt wird? Die Gesetzgebung wird auf solche Weise ein Mosaik von lauter einzelnen Standesinteressen, Berufsgesetzen und ähnlichen Dingen, wobei die Gesamtstimmung vorwaltet, den Schwachen zu helfen und die Starken zu hemmen, ohne daß man sich immer darüber klar ist, daß häufig der Starke auch am besten in der Lage ist, andere mit sich starkzumachen, und ohne daß man sich immer genügend überlegt hat, daß manches Schwache, das heute durch ein Hilfsgesetz erhalten wird, auf die Dauer eine Belastung des Wirtschaftskörpers werden kann. Wir sahen eine ganze Fülle sogenannter Mittelstandsrettungen, bei denen der gute Wille stärker war als der Erfolg. Wir haben Börsengesetze ohne Börsenkenntnis und allerlei Ähnliches erlebt, was sich nur daraus erklärt, daß immer und immer wieder den Wählern etwas geboten werden mußte. Das Parlament ist einmal da, der Wähler will für seinen Wahlzettel etwas haben, es muß Gesetzgebungsleistung geliefert werden; das Zentrum aber ist die allergeeignetste Stelle, um gerade dieses zu vermitteln, da es alle Berufe in sich schließt und jedem Berufe auf der nächsten großen Revue gern etwas zeigen möchte, was man für ihn besonderes getan hat.

Inzwischen geht das Zentrum mit der Regierung des neuen Kaisers in der Vermehrung der Flotte, ohne besonders große Acht darauf zu geben, daß immer alles gleich bezahlt wird. Es wehren sich ja die Zentrumsleute, wenn man ihnen vorwirft, sie wären an der Verschuldung des Reiches eigentlich schuld. Mit gewissem Rechte, denn eine Partei, die nicht regiert, ist im strengen Sinne des Wortes auch nicht schuld. Aber da nichts geschehen kann, was sie nicht will, könnten auch jene Schulden nicht erwachsen sein, wenn sie es nicht wollte. Und sie wuchsen. Im Jahre 1890 gab es 1,2 Milliarden Schulden, im Jahre 1907 aber bereits 3,9 Milliarden Schulden. Damit entstand in dieser Zeit, wo das Zentrum ausschlaggebend war, das schwerste Problem der deutschen Zukunft, an dem wir auch über die letzte Finanzvorlage hinweg noch einen guten Teil der kommenden Zeit zu tun haben werden.

Während in solcher Art das Zentrum mit Ruhe und in altgewohnter Klugheit sich einrichtete, die Politik von rechts und links in sich zu vereinen, versuchten die Konservativen vom Jahre 1890 an, sich ihrerseits zu verjüngen, populär zu werden, in der Bevölkerung Anhang zu gewinnen. Denn da es jetzt kein Sozialistengesetz mehr gibt, um die Gegner des Eigentums gesetzlich niederzuhalten, wird es notwendig, auf dem Wege der Propaganda und Agitation in geistigem Kampfe die Bevölkerung vor bösen Einflüssen zu sichern. Das war der Gedankengang Stöckers schon lange gewesen, schon vom Jahre 1878 an. Auf dieser Gedankenbahn lief der Antisemitismus. Der erste Antisemit im Reichstag erscheint 1887, im Jahre 1890 waren es 5, im Jahre 1893 wurden es 16. Sie sind nachher nicht in gleicher Progression weitergewachsen, es hat aber damals jenes erste schnelle Auftreten der Antisemiten den Konservativen und auch anderen Parteien viel zu denken gegeben. Die Konservativen kamen dabei zuerst auf die Taktik: wenn wir selber diese antisemitische Bewegung an uns ziehen, so wird sie sich nicht gegen uns richten. In diesem Sinne nahmen sie 1892 in ihrem Tivoliprogramm, auf das ich in meinem nächsten Vortrag noch genauer komme, den antisemitischen Gedanken grundsätzlich auf. Was mich an dieser Stelle, wo ich die Parteientwicklung im allgemeinen darstelle, interessiert, ist nun dieses: Die Konservativen machen den Versuch, den viel früher in England Disraeli gemacht hat, die alte Aristokratie zu verstärken durch einen Heerbann kleiner Leute, mit denen sie zusammen Politik machen. Und zwar handelt es sich dabei keineswegs nur um die Landarbeiter, die zur konservativen Heeresfolge sozusagen von Hause aus verpflichtet sind, sondern auch der städtische Handwerker, der ganze Mittelstand und auch der königstreue Arbeiter soll den Konservativen Gefolgschaft leisten. Doch jener große, glänzend begabte englische Semit Disraeli brachte das noch besser fertig als die Antisemiten innerhalb der konservativen Partei Deutschlands es fertiggebracht haben. Es gelang ihnen nicht, jenen großen Glanz einer sozial gesinnten Aristokratie hervorzubringen, den die englischen Konservativen in ähnlicher Lage ausstrahlen konnten. Und mit diesen sozialpolitischen Hilfsmitteln allein wäre die konservative Partei nicht dauernd stärker geworden, wenn ihr nicht ein zweites Hilfsmittel der Verjüngung sozusagen von selbst in die Hände gekommen wäre: die Gründung des Bundes der Landwirte.

Die Konservativen hatten mit Bismarck die Zölle in die Höhe getrieben, sie hatten den ganzen Gedanken, die Landwirtschaft ginge unter, sie werde ruiniert, sie werde von Argentinien aus getötet, wenn wir nicht hohe Zölle haben, so sehr hineingehämmert in alle ländlichen Gehirne, und Bismarck hatte mit seinen Reden das nötige dazu getan, daß dieser Gedanke nun allgemein festsaß: die Landwirtschaft muß sich vor dem Industriestaat retten! Aber zu einer besonderen Organisation der Landwirtschaft würde die Partei als Partei kaum geschritten sein, wenn nicht im Ärger über Caprivi und seine Handelsvertragsabsichten damals aus der Landwirtschaft selber eine große Organisation nun auf dem Boden jener konservativen Ideen entstanden wäre. Jede Partei nämlich wird vorsichtig und zurückhaltend sein der Frage gegenüber, ob man besondere Berufsorganisationen mit politischen Zwecken einrichten soll. Dieselbe Frage entstand schon vorher innerhalb der Sozialdemokratie. Da gab es die Frage: wie man die Gewerkschaften politisch einzuschätzen habe, und man schätzte sie noch auf den Parteitagen der neunziger Jahre nicht übermäßig hoch, weil die Partei als Partei immer das Gefühl behält: wenn es eine Zwischenorganisation gibt zwischen dem Wähler und der Parteileitung, dann wird unter Umständen die Parteileitung dienstbares Organ dieser Zwischenorganisation. Aber nachdem sie einmal da ist, muß man mit ihr arbeiten. In den neunziger Jahren beginnen und im ersten Jahrzehnt des neuen Jahrhunderts setzen sich berufliche Zwischenorganisationen aller Art weiter fort. Die Landwirte bilden also den Bund der Landwirte, oder auf katholisch süddeutschem Boden Bauernbünde. Die Arbeiter bilden die freien Gewerkschaften der Sozialdemokraten und die christlichen Gewerkschaften beim Zentrum und beleben die schon älteren Hirsch-Dunckerschen Gewerkvereine beim Freisinn. Aber auch die Beamten organisieren sich nun Gruppe für Gruppe genau nach demselben Schema, bis wir in der letzten Zeit den Bund der Festbesoldeten aus ihren Hauptverbänden sich zusammenschließen sehen. Und welche Handwerker sind nicht organisiert? Welche Handlungsgehilfen haben nicht ihren Verband? Welche Techniker suchen nicht ihren Anschluß? Alle Privatbeamten streben dazu, nächstens in allgemeiner Weise zusammengefaßt zu werden. Und als letzte Erscheinung auf diesem Gebiet ist der Hansabund sozusagen die Gegenbildung gegen den Bund der Landwirte vom Standpunkt der gewerblichen und handwerklichen Unternehmungen aus. Weil aber diese neuen Zwischenerscheinungen zwischen den Wählern und den Parteien schrittweise auftraten, hatten diejenigen Parteien zuerst den Vorteil, wo sie zuerst erschienen. Der Bund der Landwirte schob seine Leute politisch nach rechts und die freien Gewerkschaften zogen die ihrigen zur Sozialdemokratie. Die liberalen Parteien in der Mitte drin protestierten gegen dieses System, nach dem der Mensch ein Verbandsmensch wurde, konnten es aber nicht hindern. Die Mehrzahl der Wähler gewöhnte sich daran, zunächst ihrem Wirtschaftsverbande zu folgen und sich von ihm sagen zu lassen, was sie politisch tun sollten.

Während also das Zentrum die Wirtschaftsverbände in sich neutralisiert, führen die Wirtschaftsverbände außerhalb des Zentrums ihren Kampf gegeneinander. Das entscheidet vom Jahre 1893 an bis zur Wahl von 1907 das Schicksal des Liberalismus. Der Nationalliberalismus klammert sich immer mindestens mit einer Hand an den Bund der Landwirte an und leidet darum nicht so stark unter der Entstehung dieses Wirtschaftsverbandes. Die Partei wächst nicht sehr, aber sie bleibt. Die Nationalliberalen besitzen zwischen 1890 und 1906 folgende Abgeordnete: 42, 53, 47, 51. Der Linksliberalismus aber sinkt in dieser Zeit: 76, 48, 49, 36! Die Sozialdemokratie aber steigt: 35, 44, 56, 81. Die Linke im ganzen, wenn ich die drei zusammenrechne, ist 153, 145, 151, 168. Was heißt das nun in Worten? Das heißt: man hat sich unendliche Mühe gegeben, um das Kräfteverhältnis innerhalb der Linken zu verschieben, die Linke selbst aber verschiebt sich fast gar nicht. Wenn wir die Nationalliberalen einmal außer Spiel lassen wollen und nicht mit ansetzen, so haben wir einfach die Erscheinung, das von 1893 bis 1906 durch eine Menge von Wahlkämpfen mit einer Fülle gegenseitiger Bitterkeit nur das eine erreicht ist, daß es im Anfang 76 Linksliberale und 35 Sozialdemokraten gab und am Schluß 36 Linksliberale und 81 Sozialdemokraten. Sie sehen, es ist hier eine sehr große Umschiebung für diejenigen, die die politische Entwicklung nur vom Standpunkt gerade ihrer Parteigruppe ansehen. Für die Einzelpartei ist es natürlich ein beträchtlicher Unterschied, ob die größere Ziffer auf ihrer oder auf der anderen Seite ist. Aber man tut gut, sich die Sache gelegentlich ein wenig mit dem Auge derer anzusehen, die von außen zuschauen, beispielsweise mit dem Auge des Zentrums. Vom Standpunkt des Zentrums aus ist die Verschiebung innerhalb der Linken ziemlich gleichgültig, denn vom Standpunkt des Zentrums aus interessiert schließlich nur die Gesamtziffer, was links an Abgeordneten aufgebracht wird, weil die ausschlaggebende Stellung des Zentrums an dem Tage zu Ende ist, wo sich links von ihm eine Mehrheit bildet. Wie die 150, die nicht ausreichen, eine Mehrheit zu schaffen, sich untereinander ihre Plätze verteilen wollen, das erscheint dem, der die Sache von außen her ansieht, als eine innere Familienangelegenheit der linken Seite unter sich; genau so, wie es uns nicht übermäßig interessiert, ob die Konservativen und Antisemiten untereinander gewisse kleine Platzverschiebungen vornehmen. Dabei haben wir ja auch das Gefühl: es bleibt im großen und ganzen dieselbe Sache; etwas aristokratischer oder etwas unaristokratischer, aber der politische Unterschied ist nicht groß!

Von diesem Gedankengang aus: Die Linke bleibt in ihrer Größe wie sie ist; die Rechte bleibt auch ungefähr wie sie ist; und vor allem das Zentrum bleibt in der Mitte so stark wie es ist — erklärt sich der Versuch, den im Dezember 1906 der vorige Reichskanzler Fürst Bülow machte mit dem vielbesprochenen Block, der das Zentrum übersprang, indem er eine Mehrheit zu bilden unternahm aus konservativen, nationalliberalen und linksliberalen Bestandteilen. Nach langer Zeit sollte eine Mehrheit ohne das Zentrum einmal etwas machen können, schon deshalb, damit die Vorherrschaft des Zentrums nicht zum undurchbrechbaren Grundsatz werde.

Ich will nicht alle die Debatten hier wiederholen, die uns noch genügend in den Ohren klingen über die Nützlichkeit und über die prinzipielle Zulässigkeit eines derartigen Versuchs, sondern will nur geschichtlich referieren: Der Gedanke, eine zentrumsfreie Mehrheit zu bilden, ist vom Fürsten Bülow mit dem ihm eigenen Geschick durchgedrückt worden, aber, wie wir wissen, nicht auf Kosten des Zentrums, sondern auf Kosten der Sozialdemokratie. Dieser Gedanke ist bei den Reichstagswahlen von 1907 verwirklicht worden, obwohl das Zentrum mit 102 Plätzen ganz glatt und sicher, als wenn nichts vorgefallen wäre, auch aus dieser Wahl wieder herausgekommen ist, und Verschiebungen haben sich nur in den übrigen Parteien im wesentlichen innerhalb der Linken vollzogen. Wenn die Linksliberalen auf den Bülowschen Gedanken von vornherein verzichtet und gesagt hätten: Gewiß, wir erkennen das Mißverhältnis an, daß eine Partei, die niemals die staatliche Verantwortung übernehmen kann und wird, dauernd in der ausschlaggebenden Stelle ist; wir verstehen, daß es für jeden Staatssekretär und jedes Reichsamt eine dauernde Beschwernis ist, Jahr für Jahr mit einer Partei, deren politische Haltung nie genau vorher zu berechnen ist, in jeder Sache kalkulieren zu müssen; aber es läßt sich nicht ändern, es ist nun einmal deutsches Schicksal! — wenn die Linksliberalen so gesagt hätten, so würde die Idee, ob man nicht doch das Bülowsche Experiment mit Erfolg machen könnte, dauernd weiter am Leben geblieben sein. Irgendwann mußte der Versuch der Herstellung einer zentrumsfreien Mehrheit durch Zusammenfassung von Mitgliedern der rechten und der linken Seite praktisch gemacht werden, und sei es auch nur, um den geschichtlichen Beweis zu erbringen, daß sich in dieser schwierigen Weise auf die Dauer eine regierungsfähige Mehrheit nicht aufrechterhalten läßt.

Der Versuch ist gemacht worden. Fürst Bülow nahm die Konservativen, die Antisemiten, die Nationalliberalen, die Linksliberalen und gestaltete aus ihnen eine Mehrheit von 215, als Mehrheit durchaus hinreichend. Nur hat man gesehen, daß man Mehrheiten nicht so zusammenwerfen kann, wie man größere und kleinere Bergwerke zu einem gemeinschaftlichen Montanunternehmen zusammenschweißt, weil es sich in der Parteipolitik schließlich doch nicht um tote Materien handelt, sondern um das Empfindsamste aller Materialien, nämlich um lebendige Menschen, die jeden Tag weggehen können, die unter Umständen nicht mehr mitmachen, die ihre eigenen Beschwerden und Wünsche besitzen. Eine Zeitlang haben wir also eine Mehrheit gehabt und einen Kanzler, der von dieser Mehrheit abhing und mit dem Ende seiner Mehrheit das Amt verließ. Das letztere ist innerhalb der deutschen Geschichte ein neues Geschehnis, aber vorläufig nicht anders zu beurteilen, als wenn im März einmal einige Tage besonders warm sind, aber noch niemand garantieren kann, daß die Wärme etwa eine dauernde Wettererscheinung sein werde. Wir werden hinter der Episode des Blocks ziemlich genau in die vorigen Verhältnisse zurückkommen: Das Zentrum in der Mitte, rechts keine Mehrheit, links keine Mehrheit! Augenblicklich drückt sich das so aus, daß die Finanzreform gemacht worden ist von Konservativen, Antisemiten und Zentrum. Wenn diese alle beieinander sind, sind es 213 und brauchen keine politische Hilfe. Sie brauchen sie nur in Fällen wie bei der Erbschaftssteuer, wo diese Parteien nicht alle von ihren eigenen Leuten in der Hand hatten. Auf der linken Seite stehen aber, wenn wir sie alle zusammennehmen, ungefähr 150; nämlich Sozialdemokraten, Linksliberale und Nationalliberale. Das Problem der Zukunft für den, der mit liberalen Augen diese Dinge ansieht, ist zweifellos dieses: Läßt sich aus diesen hundertundfünfzig jemals eine Zweihundert machen? Denn nachdem das Blockexperiment des Fürsten Bülow so verlaufen ist, wie wir es erlebt haben, daß es verlief und verlaufen mußte, muß das Zentrum solange in der Mitte ausschlaggebend bleiben und wird es bleiben, bis es eine Mehrheit links vom Zentrum gibt. Eine Mehrheit rechts vom Zentrum liegt noch weit mehr außer aller menschlichen Berechnung als die Mehrheit links vom Zentrum. Das deutsche Problem heißt: das Zentrum bleibt ausschlaggebende Partei bis zu dem Tage, wo eine Mehrheit links vom Zentrum aus Reichstagswahlen hervorgeht.

Diese Mehrheit links pflege ich zu nennen als den Zusammenschluß „von Bebel bis Bassermann“. Es wehren sich zurzeit fast alle Beteiligten gegen diesen Gedanken. Das spricht aber noch nicht gegen den Gedanken selbst, sondern ist nur ein Beweis der vielfachen Schwierigkeiten, die in ihm enthalten sind. Ich will mit meiner Formulierung nur dieses ganz deutlich klarmachen: Wer über Politik nachdenkt, der soll mir einen anderen Weg sagen, wie wir auch nur zeitweise aus dem Zustand der dauernden Zentrumsbeeinflussung des Deutschen Reiches herauskommen können, außer, wenn auf der linken Seite soviel Werbekraft und politischer Magnetismus sich bildet, daß wir eine aufwärtssteigende große Linke besitzen. Nicht das macht geschichtlich viel aus, ob der Sozialdemokrat dem Freisinn Plätze wegnimmt oder dieser dem Sozialdemokraten, oder ob Nationalliberale und Sozialdemokraten ihre Plätze vertauschen — das alles ist für die Nächstbeteiligten entweder erfreulich oder unangenehm, politisch aber ist es kein Ereignis von großer Tragweite. Politisch ist erst das etwas, wenn alle Liberalen und Demokraten miteinander ihre Hand wieder ausstrecken lernen in konservative und klerikale Gebiete.

Dazu aber gehört, daß sich die Parteien der Linken untereinander etwas besser verstehen und verständigen lernen als bisher, was nicht leicht ist, eben weil sie beständig miteinander um die Wahlkreise ringen. Sie sind aus agitatorischen Gründen genötigt, sich sozusagen jeden Tag zum Frühstück das Gegenteil von Liebenswürdigkeiten auszusprechen und sitzen doch alle auf demselben Brett. Die großen Städte und Industrieplätze sind das besondere Gebiet, um das sie am schärfsten miteinander ringen, da es für sie alle leichter ist, sich gegenseitig etwas wegzunehmen als in die eigentlich konservativen und in die streng katholischen Gebiete hineinzukommen. Solange aber die Linke nur gegenseitige Kampfesabsichten hat, bleibt nämlich die Sammlung jener Mächte, die Bismarck 1878 heraufgerufen hat, heute noch durchaus bestehen, und es siegen immer von neuem die Romantik und der Zoll; die Romantik, als ob Altertum und Konfessionalismus mit ihren geistigen Formen sowohl der klerikalen wie der feudalen Herrschaft die Führung des Volksgeistes übernehmen könnten, zusammengebunden mit dem materiellen Interessensystem: Wir bekommen Zoll, ihr bekommt Zoll, sie bekommen Zoll! Dieses Zusammenbinden von Romantik mit 975 Tarifpositionen, von denen jeder etwas erwartet, unter denen aber die Gesamtwirtschaft leidet, das ist die Grundlage des jetzigen Systems.

Demgegenüber rüstet sich zu neuer Hoffnung ein anderes System, das der deutschen Linken, das für sich die großen deutschen Denker und Philosophen hat. Es hat für sich, daß aus ihm und mit ihm die wunderbare Entwicklung des Gewerbes, der Technik und der Maschinen zustande gekommen ist, hat vor allem für sich, daß die Masse derer wächst, die von Überzoll und Romantik nichts wissen wollen. Denn sehen wir uns zum Schluß die zwei Gruppen noch einmal auf ihre Wählerziffern an! Ich habe bis jetzt immer von den Abgeordneten geredet, weil in den Parlamenten die Entscheidungen nach Abgeordneten fallen. Den Wählern nach sehen aber die beiden Gruppen sehr anders aus, denn Konservative gibt es 1 530 000, Zentrumsleute gibt es 2 180 000, Liberale beider Schattierungen zusammen gibt es 2 860 000, Sozialdemokraten gibt es 3 260 000. Da haben Sie die vier Hauptgruppen aufsteigend in ihren Ziffern, in ihrer Massenentwicklung! Und jedes neue Jahr schiebt einen neuen Jahrgang 25 jähriger Leute in die Politik hinein und stellt einen Jahrgang von alten, die die Politik verlassen, beiseite, und jeder neue Jahrgang ist stärker als der vorhergehende; und jeder neue ist mehr industriell als der alte gewesen ist. Wenn man heute alles zusammenzählt, was in irgendeiner Fassung nach rechts gehört — ich rechne die Polen und die Elsässer und alles, was dem Zentrum verwandt ist, auch rechts, obwohl sie oft anders stimmten —, so ergeben sich 5 Millionen Wähler rechts und 6¼ Millionen Wähler links. Die Mehrheit der Wähler auf der linken Seite ist unbestreitbar und wird nur verdeckt durch die veraltete Wahlkreiseinteilung. Wer aber wird die Abgeordneten zwingen, die Wahlkreise so einzuteilen, daß die bisherige Mehrheit sich selber den Ast absägt, auf dem sie sitzt? Es ist sicherlich schwer, etwas derartiges direkt von ihnen zu fordern; es könnte aber eines Tages eine Regierung in die Lage kommen, sich wieder einmal zentrumsfrei machen zu wollen; dann würde es gut sein, der Reichskanzler, der dann ist — ich weiß nicht, wie er heißen wird —, dieser Reichskanzler dächte dann zuerst an die neue Einteilung der Wahlkreise und löste auf mit der Parole: für 200 000 Einwohner ein Abgeordneter! Mit dieser Parole würde — ich rede jetzt nicht von Preußen, sondern vom Reich — die Volksmehrheit zur Parlamentsmehrheit werden. Das aber ist die Aufgabe der Zukunft. Eine lange und gewiß schwierige, verwickelte Aufgabe, die vorhandene Volksmehrheit zur Parlamentsmehrheit werden zu lassen, aber eine Aufgabe, an der die deutsche Freiheit und Kultur hängt.

Um nun diesen Kampf der Rechten und der Linken auch inhaltlich zu verstehen, gehen wir an den zwei weiteren Abenden unseres Zusammenseins dazu über, erst die Parteien der Rechten und dann die Parteien der Linken auf ihren programmatischen Gehalt hin uns anzusehen.

3.

Die Parteien der Rechten

Geehrte Versammlung! Wenn wir heute abend von den Parteien auf der rechten Seite sprechen, so tun wir es an dieser Stelle und in diesem Zusammenhang nicht in derselben Art, wie man etwa im Wahlkampf sich gegeneinander Sünden aufrechnet, vielmehr wird es mein Bestreben sein, mit Ihnen ein Verständnis dafür zu gewinnen, worin die eigentümliche Kraft der uns gegnerischen Parteien liegt, damit das historische Wunder, die sehr merkwürdige Erscheinung, daß Parteirichtungen, die vor fünfzig Jahren fast wie ausgelöscht erschienen, heute kräftig und stark in der Mitte der deutschen Politik stehen, für uns einigermaßen begreiflich und klar wird.

Wir haben in Deutschland *zwei große konservative Parteien*: die Deutsch-Konservativen und das Zentrum. Um jede dieser beiden Parteien herum lagern eine Anzahl kleinerer Hilfsvölker. Um die Deutsch-Konservativen herum die Freikonservativen, die Antisemiten, die Christlich-Sozialen, der Bund der Landwirte. Um das Zentrum herum die Polen, die Protestler, die Welfen, der Bayerische Bauernbund. Zwischen den beiden großen konservativen Parteien ist die Unterscheidung wesentlich eine geographische und konfessionelle, sie berühren sich fast nirgends gegensätzlich. Das Zentrum gegen Konservative stehend kann nur ganz ausnahmsweise in konfessionell zerbrochenen Wahlkreisen vorkommen. *Im allgemeinen sind die Konservativen eine protestantische Erscheinung und das Zentrum ist eine katholische.* Das, was im westfälischen Frieden nach dem langen dreißigjährigen Kriege endlich unter Mühen und Seufzen festgesetzt wurde, daß es sozusagen auf ewige Zeiten hin in Deutschland protestantische Territorien und katholische Territorien nebeneinander gibt, und daß die eine Hälfte der Kinder zu dieser Konfession geboren und erzogen wird und die andere Hälfte zur anderen, das setzt sich naturgemäß am meisten fort in dem Wesen derjenigen Parteien, die mit dem Alten und Gewordenen am engsten zusammenhängen. Sie können als historische Parteien gar nicht anders, als konfessionelle Politik zu machen. Statutengemäß zwar ist keine der beiden Parteien konfessionell, und wenn deshalb das Zentrum wiederholt seinen nichtkonfessionellen Charakter hervorhob, so kann man ihm aus dem einfachen Wortlaut der Statuten sicherlich nicht das Gegenteil nachweisen. Aber im Grunde entscheiden doch über solche Fragen nicht die Wortlaute von Statuten, sondern die wirkliche Zusammensetzung der Parteibestände. Gewiß, es gibt Mitläufer auf der einen und auf der anderen Seite. Es gibt und gab gelegentlich Katholiken, die bei den Konservativen ihren Platz fanden. Es gab und gibt noch häufiger Protestanten, Welfen und andere, die beim Zentrum ihren Anschluß oder ihr Hospitantenverhältnis haben. Doch von diesen Mitläufern wird der Grundcharakter der einen katholisch-konservativen und der anderen protestantisch-konservativen Partei nicht alteriert. Nur bedeutet das Zentrum innerhalb des Katholizismus viel mehr als die Konservativen innerhalb des Protestantismus. Das beweisen uns schon die Ziffern. Das ganze protestantisch-konservative Lager (Konservative und ihre Hilfsvölker) besitzt zusammen etwa 2 050 000 Wähler, das Zentrum mit dem katholischen Lager hat etwa 2 820 000 Wähler. Will man es in Bruchteilen der entsprechenden Bevölkerung ausdrücken, so vertritt oder führt das Zentrum sieben Neuntel der katholischen Bevölkerung, während die Konservativen mit allem, was zu ihnen gehört, nur zwei Siebentel der protestantischen Bevölkerung in ihren Händen haben. Schon daraus ergibt sich, daß das Zentrum auf dem katholischen Boden die Partei an sich ist. Die zwei letzten Neuntel bestehen teils aus solchen, die noch liberal und demokratisch sind, oder aus solchen, die sozialdemokratisch geworden sind, oder aus solchen, die so versprengt sind, daß sie sozusagen vom Parteiorganismus nicht gegriffen werden können. Sonst ist vom Großgrundbesitzer und Bauern und bis zum Arbeiter und Hilfsarbeiter durch alle Mittelschichten hindurch das Zentrum die Vertretung der katholischen Bevölkerung geworden, während unter den Protestanten die Konservativen Minderheitsteile sind. Die konservative Partei ist meist geographisch gelagert um den Großgrundbesitz herum, in den Rittergutsprovinzen, sonst vielfach nach kirchlichen und zum Teil in der Vergangenheit nach partikularistischen Gesichtspunkten da und dort durchs Land verstreut. Es ist also unter den zwei konservativen Parteien das Zentrum zweifellos als Partei die stärkere, hat die größere Volksmasse hinter sich, hat die viel größere Sicherheit und Bodenständigkeit. Die Konservativen sind aus ihren Gegenden schon einmal fast verdrängt gewesen, haben auch an manchen schweren Tagen das Gefühl, es könnte durch allerlei Unvorsichtigkeiten ihrerseits einmal wieder ein Sturm kommen, der so und so viele von ihnen wegfegt. Das Zentrum aber hat das ruhige Gefühl, es könne eigentlich geschehen, was da wolle; sie haben seit dem Kulturkampf durch alle großen Wahlkämpfe hindurch und durch alle Veränderungen ihre Bestände durchgeführt. Sie besitzen auch mit ihren Hilfstruppen eine größere Abgeordnetenziffer als die Konservativen mit den ihrigen, denn die Zentrumsgruppe ist im ganzen mit etwa 130 Abgeordneten anzusetzen, die konservative Gruppe mit etwa 110 Abgeordneten. Freilich besitzen die Konservativen zum Ausgleich ihre Bedeutung im preußischen Landtag, für die das Zentrum nur die Bedeutung im bayerischen Landtag anzubieten hat. Und die Konservativen besitzen die viel engeren älteren und festeren Beziehungen zur Regierung. Will man beide deshalb als politische Kräfte, nicht nur als Parteien wägen, so ist man versucht zu sagen, daß die eine so gewichtig und so schwer sein mag, wie die andere auch. Und wenn sie zusammengehen, dann setzen sie bisher zu unserem Schaden das durch, was sie gemeinsam wollen.

Die ganze neuere Geschichte der deutschen Zollentwicklung ist ein Beweis, daß das, was Zentrum und Konservative gemeinsam wollen, geschieht. Und der Verlauf der letzten deutschen Finanzreform ist der neueste und greifbarste Beweis dafür, daß, wenn die zwei konservativen Parteien sich finden, sie dann gemeinsam eine Macht repräsentieren, vor der selbst ein sehr begabter, erfolgreicher und gewandter Reichskanzler sich nicht halten kann.

Freilich haben sie sich in früheren Zeitläuften oft nicht gefunden. Sie haben sich deshalb oft nicht gefunden, weil sie aus ganz anderen geschichtlichen Voraussetzungen stammen. Die Konservativen waren von Hause aus eine militärische Partei, mit dem preußischen Thron und der preußischen Geschichte eng verbunden. Das Zentrum aber kam schon in seinen preußischen Bestandteilen zum Teil oppositionell und kritisch gegen den protestantischen Militärstaat ins neue Reich. Noch viel mehr galt das aber von denjenigen Zentrumsteilen, die aus Süddeutschland, vor allem aus Bayern, im Anfang des Reiches dieser Partei zugeströmt sind. Die Konservativen haben eine mehr beamtenmäßige Auffassung vom Staat: daß der Staat eigentlich dazu da sei, um vom Adel verwaltet zu werden. Das Zentrum hat in seiner Weise auch eine patriarchalische Auffassung, aber diese sieht nicht so politisch aristokratisch und nicht so beamtenmäßig aus, sie ist gemilderter; wenn man so sagen will: demokratischer. Das Zentrum nämlich ist gar nicht genötigt, sich gegen demokratische Wahlrechtsformen und ähnliches zu wehren, da es seines Bevölkerungsbestandes so sicher ist, daß es ihm fast gleichgültig sein kann, ob man nach einem Dreiklassenwahlrecht oder nach einem Pluralwahlrecht oder nach einem allgemeinen Reichstagswahlrecht wählt: unter allen Umständen ist der rein katholische Kreis dem Zentrum so gut wie sicher. Das einzige, wogegen sie auf dem Gebiete der Wahlrechte empfindlich sind, ist die gleichmäßige Einteilung der Wahlkreise, sowohl im Reich wie in den Einzelstaaten, weil dann ihr Minderheitscharakter stärker hervortreten würde. Sie sind in der guten Lage, sich staatsrechtlich demokratischer und volksfreundlicher in allen formal-politischen Dingen geben zu können und hatten auf Grund des Kulturkampfes genug Veranlassung dazu. Das ist es, was ihnen häufig in der Vergangenheit Schwierigkeiten gemacht hat, mit den militärisch-autoritären Aristokraten in Preußen zu gehen. Der Konservative verzichtet leichter auf den Beifall der niederen Bevölkerungsschichten. Zwar auf die Landarbeiter verzichtet er nicht; aber es sind zum guten Teil nicht die konservativen politischen Gedanken, durch die sie gefesselt werden. Das Zentrum will für alle in der Zukunft möglichen Fälle aus ererbter Vorsicht Volkspartei bleiben, und darum wird auch in klerikal-konservativen Zeiten das Zentrum in seiner Gefühlshaltung sich immer von der rein konservativ-aristokratischen Haltung in einem gewissen wohlberechneten Abstand befinden.

Wenn wir trotzdem beide mit gutem Bedacht als konservative Parteien bezeichnen, so kommt es daher, weil sie sich beide in ihrem Gegensatz gegen allen Liberalismus, gegen alles rein Persönliche und Individuelle im Staatsleben durchaus berühren. Beide stehen der Hervorhebung des einzelnen Bürgers im Staate ablehnend gegenüber und sagen: Das Entscheidende sind nicht die Individuen, sondern die Gruppen, Berufe, Stände, Konfessionen und überkommenen Organisationen. Für beide besteht das Volk nicht aus Millionen gleichberechtigter einzelner Staatsbürger, sondern aus organischen Körpern im Staat. Überhaupt das Wort organisch kehrt immer wieder, wo irgendetwas Konservatives laut wird. Korporativ und organisch will man sein gegenüber der Pulverisierung der Gesellschaft, der Atomisierung der Menschheit durch einen Liberalismus, der nichts anderes kennt, als einzelne und immer wieder einzelne. Von da aus stehen beide konservativen Hauptrichtungen dem politischen

Liberalismus gegenüber mit einem Mißtrauen gegen zu weitgehende Hervorhebung und Pflege der Freiheit des Einzelsubjektes, dem religiösen Liberalismus gegenüber mit eben demselben Mißtrauen gegen die freie Einzelbewegung des Menschen, der sich selber auf die Gefahr, zu irren, sein eigenes Weltbild schafft; sie stehen beide mit demselben Mißtrauen dem einzelnen Wirtschaftsmenschen gegenüber, der als einzelner den Kampf ums Dasein kämpft und vom Staat nichts anderes verlangt, als unbehelligt zu bleiben bei seinem Arbeiten und Streben. So wenigstens waren die Gegensätze, die sich in jenen folgenschweren siebziger Jahren formulierten, als die konservativen Parteien sich einmütig gegen den bis dahin sieghaften individualistischen Liberalismus erhoben.

Damals standen die alte Gewalt und die alte Weltauffassung auf gegen die große Flutung der liberalen neuen Zeit. Es war die liberale Welle zu ihrer Höhe gekommen, die Woge, welche eine Zeitlang alles mit fortgerissen hatte, jene Volksbewegung, deren Inhalt war: alles muß neu werden, anders werden! Die Kleinstaaterei muß hinweg! Der Partikularismus muß hinweg! Diese kleinen Fürsten, die haben keinen Zweck! Daß wir uns konfessionell scheiden, hier ein Gartenbeet lutherisch und dort ein Gartenbeet katholisch — das sollte alles untergehen in dem einen Gedanken: „wir" — daß wir alle Glieder einer Kultur und einer Nation seien. Auch daß man mit Schlagbäumen die Landschaften voneinander trennte und hier eine Wirtschaftsecke für sich und dort eine wirtschaftliche Bannmeile wieder für sich einrichtete, das sollte vom Liberalismus alles weggeflutet werden: ein Volk, ein Markt, eine Kultur, eine Gesamtgesinnung, in der alle einzelnen emporgehoben waren! So zerspalten die Liberalen als Partei gewesen sein mögen, so hatten sie doch eine einheitliche Gesinnung ins Volk gebracht. Aber es ist nicht wunderbar, daß diese starke neue Flutung, je länger sie dauerte, desto mehr einzelne verletzte und verwundete. Eine derartige allgemeine Geschichtsbewegung geht naturgemäß über vieles mitleidslos hinweg, zerbricht nicht immer rücksichtsvoll, ändert die Verhältnisse, zwingt die Leute, sich in einem Jahrzehnt an so viel Neues zu gewöhnen, daß es schwächere Gemüter nicht tragen können. An was hat sich das deutsche Volk alles gewöhnen müssen zwischen 1864 und 1874? Alle alten Staatengebilde waren nicht mehr in früherer Weise vorhanden. Die alten Gesetze und Rechte waren teils schon hinweg, teils warteten sie auf Abbruch. Die ganze Wirtschaftsordnung mobilisierte sich unter der neuen Gewerbeordnung, und mit den französischen Milliarden kam ein seltsam gewinnsüchtiger Trieb und ein dem alten Geiste fremder Mammonismus in das deutsche Leben hinein. Verkehr und Maschinen steigerten sich; die Bevölkerung wuchs, wie nie vorher und nie nachher, prozentual in jenen ersten Jahren nach dem Krieg; es wuchs aber auch Gründung, Spekulation und Luxus.

Da sammelten sie sich aus allen ihren Ecken, die das nicht länger mitmachen wollten. Da kamen die Partikularisten, die ihre alte Sonderexistenz gerne weiter pflegen wollten. Da kamen die, die um verlorene Fürsten trauerten, wie in Hessen und Hannover. Da erschienen die Priester, die mit Staunen und Unruhe sahen, wie in der neuen Flutung die Territorien des westfälischen Friedens durcheinandergewirbelt wurden, nachdem es im neuen Reiche kein eigentliches Heimatsrecht und keine Bodenpflichtigkeit mehr gab, sondern alle miteinander zu einem großen Tanze gerufen wurden, dessen tollstes Gebrause die großen Städte erfüllte. Da fühlten die Pastoren, wie ihnen durch die Zivilehe die alte bindende Kraft des geistlichen Amtes aus den Händen genommen wurde. Da merkten die, die die Schule verwalteten, und zum Teil auch die, die der Schule dienten, wie vieles gründlich anders werden sollte unter Falk mit seinem simultanen deutschen Schulgedanken. Da traten die alten Handwerker hervor und beklagten sich, daß nun alle ihre Zünfte und Innungen Sage geworden seien, und wie sie ihre Kundschaft nicht mehr festhalten könnten, weil auf den schrankenlosen Markt jeder jedes werfen könne, und wie es sich nicht mehr verlohne, gute Qualitäten herzustellen, weil das Publikum doch in sinnloser Weise der Parole: billig, billig, Fabrikware, jeder kann das überall kaufen! nachzulaufen anfing. Und hinter den Zünftlern sah man noch viele andere Schwache, denen der Wettlauf um das Geld und mit dem Gelde über die Kraft und über die Nerven ging. Es meldeten sich aber vor allem auch mit lauter Stimme die Proletarier, zusammengeballt durch beginnende größere Industrien, und fragten: was das für ein freier Arbeitsvertrag sei, bei dem der eine die materiellen Mittel in der Hand habe und der andere morgen essen wolle! Ist das die Freiheit, die ihr bringt? Der Handwerker, der um des Lebens willen dem Fabrikanten seine Massenware nachmachen mußte, wie dieser sie ihm vorlegte, fragte: ist das die Freiheit, zu der ihr mich gerufen habt? Alle diejenigen, die im Gewitter des Kulturkampfes nicht mehr ungestört ihren alten kirchlichen Frieden genießen konnten, fragten, ob das nun die Freiheit sei, die man ersehnt hätte. Und wir können in der Tat nicht leugnen, daß der Liberalismus in seinem Sturmlauf etwas übereifrig gewesen war, ohne immer genau hinzusehen, wen er bei seinem Eifer etwa verletzte und kränkte. Er wagte sich mit den Bestimmungen über die vom Staate vorgeschriebene Ausbildung der Geistlichen zweifellos in das Gebiet rein religiöser Fragen, die mit Politik nichts zu tun haben; er ging stark zentralistisch über sehr begreifliche Empfindungen der Einzelstaaten hinweg; er löste (wie ich schon in meinem ersten Vortrag erwähnte) zu einer Zeit, wo es nicht unbedingt nötig gewesen wäre, die letzten Reste der alten Zölle, die Eisenzölle, auf, nur um zunächst gar keine mehr zu haben. Auch sozialpolitisch stand er der neuen Zeit vielfach hilflos gegenüber, indem er im Vollgefühl seiner Freiheiten zu wenig an Organisation und Gesetzgebung zur Regelung der Menschenrechte und zum Schutze der persönlichen Freiheit der Schwachen und Abhängigen denken wollte. Aus dem allem zusammen, nicht aus einem einzelnen Punkt heraus, ertönte nun ein stets wachsendes allgemeines Rückwärts, Rückwärts! Das Vergangene fing an zu leuchten, als ob es glänzender wäre als die Gegenwart!

Es war damals am Ende der siebziger Jahre eine merkwürdige Rückflutung, bei der die Söhne konservativer wurden als die Väter gewesen waren. Während man sonst annimmt, daß dem menschlichen Lebensalter entsprechend die Jugend im allgemeinen radikaler sei, so begab sich hinter der großen liberalen Zeit in hunderttausend Familien das Umgekehrte: die Söhne hatten Neigung, auf den sicheren Boden der bewährten Tradition zu treten, sei es aus äußeren, sei es aus inneren Gründen. Alte Gefühle wurden wieder merkwürdig lebendig. Solange früher die Könige absolut herrschten, von keiner Verfassung in ihrer Weisheit gestört waren und keine Parlamentsdebatte zu scheuen brauchten, da unterlagen auch die Könige abfälliger Kritik. Inzwischen aber waren sie entlastet worden, denn die Kritik wandte sich gegen die Parlamente, denn die Parteien warfen sich gegenseitig vor, sie seien schuld an allem Ungemach. Der Parteistreit trübte den Parlamentarismus, und über dem allem erhob sich, reingewaschen von den Vorwürfen der Vergangenheit, die Idee des Königtums. Fast schien es, als habe es in der Welt nichts Gesegneteres gegeben als eine Landesväterlichkeit ohne Grenze und ohne Paragraphen. Solche uralten monarchischen Gedanken pflanzen sich unter Umständen lange fort, so wie Gewächse, die nahe am Aussterben zu sein scheinen, plötzlich da und dort im Gebirge zahlreich gefunden werden. Selbst heute noch und bis in die allerletzte Zeit, wie z. B. bei Herrn v. Oldenburg, treten seltsame Reste einer ältesten, rein absolutistisch-monarchischen Anschauung gelegentlich zutage, uns erinnernd an Urahnen, für die der Staat nichts anderes war als ein Privatgeschäft seines Fürsten. Solche alten Gedanken wurden damals dem Volk wieder einmal handlich gemacht. Die konservative Parteidoktrin zwar war schon lange parlamentarisch; was man nennt „konstitutionell". Diesen Übergang zum Konstitutionalismus hatte in den fünfziger Jahren der bedeutende konservative Staatsrechtslehrer Stahl vollzogen, der den Konservativen ein System zurechtgemacht hatte, wie sie sich mit dem Parlamentarismus abfinden könnten, indem sie die Krone als den ersten staatlichen Faktor, das Parlament aber als ein ebenfalls notwendiges zweites Element ansahen. Doch das, was in der konservativen Theorie Stahl festgelegt hatte, war in den Gemütern noch keineswegs sehr sicher. Mancher träumte: wie wäre es, wenn man alle parlamentarischen Neuerungen des letzten Menschenalters noch einmal beseitigen könnte? Die Truppen sind ja da, und manche Leute denken, mit Soldaten könne man alles machen.

Ebenso wie der alte Glanz der Könige neu verjüngt heraufstieg, wuchs aber auch und vor allem die Vorstellung von dem segensreichen sozialen Wirken der kirchlichen Gewalten. Solange die Bevölkerung den Druck des Glaubenszwanges in den alten Zeiten noch direkt empfand und die altväterlichen Leistungen des kirchlichen Zehntens entrichten mußte, da hatten sie auch scharfe Kritik geübt nach der kirchlichen Seite. Jetzt aber hatte ebenfalls hier der Liberalismus einen Teil dessen gewaltsam weggenommen, über das man sich früher beklagt hatte. Die Kirche erschien entlastet, sah aus wie eine Märtyrerin und war es auch zum Teil, und von neuem quoll religiöse Sehnsucht aus der unverlierbaren Tiefe der Menschenseelen herauf, die außer Paragraphen und Gesetzen beständig etwas wissen wollen über das Unerkennbare und Ewige. Weil diesem Bedürfnis von der liberalen Diesseitigkeit und Nüchternheit zu wenig Beachtung geschenkt wurde, erhob sich auf protestantischem und besonders auf katholischem Gebiet nun die Religion als politische Macht und meldete sich in ihrer kirchlichen Form als antiliberal an. Erst um diese beiden Hauptstücke herum, um monarchische Staatlichkeit und um kirchliche Religion, gruppierten sich die Wirtschaftsstimmungen derer, die durch den liberalen Kapitalismus verletzt waren.

Das ungefähr ist der Zustand, in dem wir die Konservativen bei der Festsetzung ihres ersten Programms im Jahre 1876 finden. Lassen Sie mich auf dieses grundlegende konservative Programm etwas genauer eingehen, weil da schon fast alle Wege vorgezeichnet sind, auf denen die Konservativen bis jetzt gegangen sind.

Dieses Programm beginnt mit der Anerkennung der Tatsache des Deutschen Reiches. Die früher partikularistischen Konservativen stellen sich, wie wir schon ausgeführt haben, auf den Boden des Reiches und sagen: Jetzt muß dieses von der Regierung und dem Liberalismus geschaffene Reich unser werden! Im Reich verlangen sie, daß auf politischem Gebiet größtes Gewicht gelegt wird auf die monarchische Grundlage und auf kräftige obrigkeitliche Gewalt. Für die Selbstverwaltung wünschen sie, daß sie sich gründet nicht auf das allgemeine Wahlrecht, sondern auf die natürlichen Gruppen und organische Gliederung des Volkes. Da haben Sie jenen schon erwähnten Gedanken, der im Grunde zu einer Ständevertretung hinführt! Besonders ausführlich redet aber dieses Programm vom Jahre 1876 über die religiöse Frage: Die konfessionelle christliche Volksschule ist die Grundlage jeder gesunden Entwicklung! Das wurde dem falschen kulturkämpferischen Gedankengang gegenübergestellt: konfessionell müssen die Menschen sein. Hat man sie nämlich während der ganzen Schulzeit unter Staatszwang in konfessionellen Schulen, dann bleibt der Traktat von Osnabrück und Münster für alle Zeiten gültig. Um des konfessionellen Prinzips willen sagt man: Ende des Kulturkampfes! Und die konservative Partei als protestantische Partei fordert ganz folgerichtig das Recht der evangelischen Kirche auf selbständige Regelung ihrer inneren Angelegenheiten.

Hier ist ein Punkt, auf den die Liberalen besser hätten achtgeben sollen! Der Liberalismus trat ein für das Recht des Einzelmenschen gegenüber der Kirche, er trat aber nicht ein für das Recht der Kirche als einer Gemeinschaft oder Körperschaft im Staat gegenüber dem Staat. Man überließ die Forderung der Freiheit der Religionsgemeinschaften den alten Parteien und gab ihnen damit ein sehr starkes Werbemittel in allen denjenigen Kreisen, und diese sind nicht gering, für die religiöse Fragen ernstlich und innerlich etwas bedeuten. Die spätere Entwicklung von Stöcker, Hammerstein und das Steigen des hochkirchlichen Einflusses in allen religiösen Vertretungen ist nur verständlich von diesem Punkte aus, in dem sie ein Freiheitsrecht vertreten haben, das der Liberalismus mißachtete.

Wirtschaftlich ist jenes Programm vom Jahre 1876 noch ziemlich unklar und tastend. Man sucht nach einer Wirtschaftsgestaltung, die anders ist als der liberale Kapitalismus, aber man hat sie noch nicht. Man weiß noch nicht, wie man die alten Erinnerungen an Zünfte und Innungen und Polizeivorschriften nun in diese neue gewerbliche Welt hineinbringen kann. Darum formuliert man ganz weit und breit, daß man wirtschaftlich gegen die schrankenlose Freiheit der liberalen Theorie sei, und nur an einzelnen Stellen verdeutlicht sich diese Stimmung: die Konservativen sind gegen Bevorzugung des großen Geldkapitals; worin die aber besteht, ist noch nicht genauer ausgesprochen. Sie sind aber auch gegen sozialistische Irrlehren auf der anderen Seite, weil sie immer und mit einem gewissen Recht Kapitalismus und Sozialismus als nur zwei Seiten einer und derselben Entwicklung angesehen haben. Die konservative Auffassung sagt: das ist alles überhaupt lauter Modernismus, ebensogut die Geldwirtschaft wie das industrielle Proletariat! Wären wir konservativ geblieben, so hieß es, würden wir solche Extreme überhaupt nicht erleben. Nach beiden Seiten hin wird der Gegensatz formuliert: man will die redliche Erwerbsarbeit schützen gegen Spekulation und die Lage der Lohnarbeiter heben durch Fabrikgesetzgebung.

Auch dieser letzte Punkt verdient besondere Aufmerksamkeit. Die Konservativen haben in jener ersten Zeit, als sie aus ihrer Tiefe wieder in die Höhe kamen, auf soziale Dinge ein großes Gewicht gelegt. Professor Adolf Wagner lebt ja noch heute unter uns als Zeuge dieser Zeit, in der er zusammen mit Rudolf Meyer, mit Todt und mit Stöcker versuchte, die Konservativen zu einer sozialen Tätigkeit zu bringen, ungefähr entsprechend der Tätigkeit, die das Zentrum in Wirklichkeit ausgeübt hat. Das, was das Zentrum mit seinen vielen Arbeitervereinen und Gewerkschaften und mit dem katholischen Volksverein erreicht hat, das versuchten jene sozialen Konservativen der siebziger Jahre auch ihrer Partei nahezulegen und beizubringen. Aber was dem Zentrum gelang, gelang den Konservativen nicht, weil die liberale Strömung im protestantischen Volke von ihnen die Volksbestandteile bereits viel zu weit weggeschwemmt hatte, mit denen sie diesen Sozialkonservatismus hätten ausführen können.

Im Programm von 1876 steht kein Wort über Zölle. Der Zollgedanke war damals im Werden, wurde von den „Steuer- und Wirtschaftsreformern" in Vereinsdebatten gefordert, ungefähr so, wie wenn heute die Bodenreformer gewisse Wünsche an die Gesetzgebung und an die Zukunft vortragen. Noch aber war der Zoll nicht Parteiprogramm geworden, denn noch lag die Zeit viel zu nahe, wo die Konservativen selber die festesten Freihändler gewesen waren, die es gab. Solange die Großgrundbesitzer nämlich Getreide ausführten und England mit Brot versorgten, haben sie es für eine Verfehlung gegen den Geist der Billigkeit und der Wirtschaftlichkeit gehalten, wenn die Engländer Zölle erhoben von dem Getreide, das von Danzig und Stettin aus nach London verfrachtet wurde. Doch diese Zeit war inzwischen vorüber. Nach Deutschland wurde fremdes Getreide eingeführt und schnell änderte sich die Stimmung, und die früheren Freihändler wünschten eine Mauer um das Land herum, wußten aber noch nicht recht, ob man einen solchen Wall eigentlich fordern dürfe, weil es gar so ungewohnt schien und gegen alle bisherige Theorie, eine chinesische Wirtschaftsmauer um ein modernes Volk herumzubauen. Aber als man dann einmal angefangen hatte zu bauen, da sah man, daß es gar nicht so schwer war und daß man leicht einen Stein auf den anderen setzen konnte, bis man Turm an Turm und Ziegel an Ziegel fast zahllose Positionen um Deutschlands Handel herumgelegt hat. Es entstand auf diese Weise der Zollgedanke erst langsam, arbeitete sich aber in den achtziger Jahren durch, und im Jahre 1892 finden wir ihn voll und offen im nächsten konservativen Programm.

In diesen, nach dem damals noch bestehenden Tivolisaal Tivoliprogramm genannten konservativen Satzungen vom Jahre 1892 wurden die politischen und kirchlichen Gedankengänge ungefähr so gelassen, wie sie schon im Jahre 1876 formuliert waren. Ausgearbeitet wird der wirtschaftliche Teil des konservativen Programms, und zwar taucht hier im konservativen Programm das Wort „Mittelstand" auf, das von da an Parole für sehr viele Akte der Gesetzgebung und unzählige Forderungen der Agitation geworden ist. Hier taucht auch im Programm die Bekämpfung des jüdischen Einflusses auf, als Ausdruck dafür, daß man von den verschiedenen Konfessionen die Juden am sichersten auf der liberalen Seite sucht, weil sie, eingedenk langer Unterdrückungsjahre, sich sehr schwer auf die konservativen Plätze setzen können. Vor allem aber taucht hier nun auf die Forderung des Zollschutzes für Landwirtschaft und Industrie. Es kommt ganz voll und rund heraus die Forderung des Befähigungsnachweises für das Handwerk. Es stärkt sich der Kampf gegen die Börse; und schließlich liest man in Verbindung mit staatlicher Sozialreform auch im Jahre 1892 noch von der Notwendigkeit eines Sozialistengesetzes.

Von da an haben die Konservativen sich kein neues Programm mehr gegeben. Haben auch keins nötig! Denn jetzt ist der Gedankenbestand ungefähr ausgeschöpft und herausgeholt, auf den sich die konservative Bewegung gründet: Zölle nach außen hin, Berufsbindung bis zum Befähigungsnachweis hin im Innern, Kampf gegen Börse und Judentum und Anerkennung des Mittelstandes als Grundlage des Staates.

Nur die konservativen Nebenbewegungen haben noch weitere Programme hervorgebracht. Ich gehe in dieser Hinsicht auf die antisemitische Richtung und den Bund der Landwirte einigermaßen ein. Die Antisemiten, Christlich-Sozialen, Wirtschaftliche Vereinigung, oder wie sie sich in ihrem wechselvollen Dasein gerade nennen, haben verhältnismäßig sehr viele Programme. Alle diese Programme sind aufgebaut auf der Grundlage der konservativen Gedanken vom Jahre 1876, arbeiten aber dann Einzelstücke davon tiefer nach. Insbesondere den Kampf gegen den Kapitalismus, die Börse, die Spekulation, das Warenhaus, den Hausierhandel und alles, was dem ähnlich ist. Sie arbeiten auch teilweise die Handwerkerfragen genauer aus: wie man den Handwerker vor Gefängnisarbeit, vor falschen Submissionen und vor ähnlichen Gefährdungen schützen könne, und wie man seine Organisation kräftigen könne. Aber sie befassen sich teilweise auch mit den Arbeiterforderungen eindringlicher als es die Konservativen tun: wie weit man die Arbeitszeit beschränken soll, wie man Arbeiterschutzeinrichtungen treffen sollte, welche Vertretungskörper für den Arbeiter notwendig sind und ähnliche durchaus nötigen Dinge. Vor allem aber heben sie natürlich auch den Punkt weiter heraus, um dessentwillen sie sich zuerst von den Konservativen getrennt haben, nämlich den Gegensatz gegen das Judentum. Programmatisch kommen da folgende Gedanken zum Vorschein: Ausschluß der Juden aus allen obrigkeitlichen Ämtern, prozentuale Zulassung zu allen nicht direkt obrigkeitlichen öffentlichen Stellen, Beschränkung der Zulassung zu den höheren Schulen, Verbot der jüdischen Einwanderung. Das Programm der deutsch-sozialen Partei hat eine noch allgemeinere Form dafür gefunden: Aufhebung der übereilt eingeführten Gleichberechtigung und Stellung unter Fremdenrecht! Alle diese Forderungen sind von den beiden großen Parteien, von den Konservativen und dem Zentrum, nicht aufgenommen worden. Man hat dort die allgemeine antisemitische Stimmung gepflegt und gelegentlich benutzt, hat sich aber sehr gehütet, derartige unausführbare Anträge in ein Gesetzgebungsprogramm aufzunehmen. Sie sind nämlich unausführbar, um der einfachen juristischen Tatsache willen, daß man nicht rechtskräftig feststellen kann, wer ein Jude ist. Da die Taufe kein endgültiges Merkmal bieten kann nach dem Zeugnis derer, die diese Forderungen aufzustellen pflegen, so müßte man eine amtliche Kenntnis der Stammbäume und Blutzusammenhänge besitzen, die in der modernen Welt einfach technisch undurchführbar und deshalb staatsrechtlich nicht herstellbar ist. Darin liegt, abgesehen von allem moralischen Protest, die politische Unmöglichkeit, in dieser Richtung etwas Greifbares zu erreichen. Die Folge davon ist, daß diese antisemitischen Gedankengänge zwar im ersten agitatorischen Anlauf Wahlkreise gewinnen, aber im allgemeinen sie nicht festhalten können, weil bald offenbar wird, daß im Antisemitismus nichts politisch Konkretes und Ausführbares enthalten ist.

Wichtiger als diese Richtung der konservativen Entwicklung, die ja wohl ihren Höhepunkt überschritten hat, ist die andere Seite: der Bund der Landwirte. Vom Bund der Landwirte sagte ich in meinem vorigen Vortrag, daß er die mächtigste Form einer Zwischenorganisation zwischen Wähler und Partei ist. So hat er sich neben oder hinter die konservative Partei gestellt und diese hat immer einmal sich wehren müssen, ihm nicht ganz dienstbar zu werden. Im großen und ganzen ist die neuere Ausbildung des Zollgedankens das Werk des Bundes der Landwirte. Er hat die allgemeine Idee von der Heimatpolitik zu einem volkswirtschaftlichen System ausgedacht: Das Land versorge sich selbst, so gut es nur kann, mit allem, was es selbst herstellt!

Was von draußen hereingeholt wird, unterliegt immer dem Verdacht, daß wir es im Grunde eigentlich nicht brauchen! Je mehr wir zu Hause selber machen, und wenn wir dabei den schlechtesten Boden bebauen und geringeres Material verarbeiten und genießen sollten, ist besser als reicher Handelsgewinn! Das, was wir selber produzieren, ist besser als die beste Einfuhr! Niemand wird leugnen, daß in solchen Gedankengängen ein Appell an einen Heimatsinn liegt, der von altersher tief im Gemüt jeden Volkes schlummert, weil alle Völker ursprünglich selbstwirtschaftend gewesen sind. Insbesondere haben es viele Landleute noch von ihren Groß- und Urgroßvätern her tief im Blut: nichts kaufen, sondern selber machen! Weil man nun dieses Selbermachen in der Gegenwart nicht mehr in der einzelnen Privatwirtschaft durchführen kann, so soll jetzt dieser alte Bauerngedanke: kauf so wenig wie möglich und mache selber so viel als du kannst! zum volkswirtschaftlichen Grundgedanken erhoben werden. Das aber setzt sich dann bald in den zweiten Gedanken um: Wir werden teurere Preise haben, höhere Einnahmen werden wir für einheimische Erzeugnisse erzielen, wenn wir Ausländisches möglichst wenig hereinlassen, denn die Ausländer sind die billigeren! Daß das nur bisweilen sachlich richtig ist, wird absichtlich übersehen. Die Ausländer müssen ja auch essen, müssen auch von ihrer Arbeit leben, im Grunde können sie gar nicht billiger arbeiten, wenn sie nicht schlechter arbeiten. Aber der Konkurrenz gegenüber sieht man die Dinge oft nicht rein sachlich an. Unsere Industrie will das Ausland versorgen, gewiß! Aber wenn das Ausland uns dafür auch versorgen will, dann ist das ein Eingriff! So gestaltet sich die Wirtschaftspolitik des Bundes der Landwirte zur grundsätzlichen Politik der hohen Preise, und jedes Jahrfünft schiebt uns fast alle Preise höher. Irgendwann aber wird eine Höhe aller deutschen Preise erreicht sein, die innerhalb des allgemeinen Austausches der Kulturvölker für unsere Ausfuhr nicht mehr gut tragbar sein wird. Das wird der

Zeitpunkt sein, wo der Bund der Landwirte an der Grenze seiner Möglichkeiten angelangt sein wird. Bis jetzt haben wir nur erlebt, wie elastisch gegenüber künstlichen Preistreibereien eine sonst gesunde Volkswirtschaft ist, und was sie aushält an Erhöhung der Lebenskosten, denn eins nach dem andern ist im letzten Jahrzehnt durch den neuen Zolltarif und durch die neuen Finanzgesetze verteuert worden. Die konservative Periode ist zur Verteuerungszeit geworden, und der alte Gegensatz von konservativ und liberal deckt sich in dieser Zeit teilweise im Wirtschaftlichen mit der Spekulation auf höhere und mit der Spekulation auf niedrigere Preise der Nahrungsmittel und Waren. Der konservative Gedankengang von den höheren Preisen hat für das einfache Gemüt sehr viel Anziehendes, zum Teil auch für solche Kreise, die selber nur passiv, leidend an der Preiserhöhung beteiligt sind.

Im übrigen fördert der Bund der Landwirte die Richtung auf Staatskontrollierung der kapitalistischen Tätigkeit, in erster Linie der Börse, in zweiter Linie der Syndikate. Irgendwie findet sich meist bei Bauern, Handwerkern und auch bei Arbeitern jener Gedanke, daß der Staat die beständige Kontrolle alles kaufmännischen Geschehens zu übernehmen habe. Es ruht dieser Gedanke auf dem fast unauslöschlichen Mißtrauen, daß Handel und Kapital, sich selbst überlassen, zu etwas Unheimlichem und Zerstörendem sich auswachsen werden. Der ältere liberale Glaube an eine Harmonie, die daraus entsteht, daß die Kräfte sich in Freiheit gegenseitig messen und unter sich ihren Frieden finden, ist nicht volkstümlich und öffnet sich nur denen, die vom Geschäftsgange etwas verstehen. Nach der naiven Ansicht derer, die selbst dem geschäftlichen Kampf ums Dasein ferner stehen, soll die Wirtschaftsharmonie autorativ gemacht werden von einem preisregulierenden, geschäftskontrollierenden Staat, von einem Staat, der einen möglichst großen Teil gewinnbringender Geschäfte in eigene Monopolverwaltung übernimmt und von da aus die Kräfte gewinnt, um auch das ganze übrige Wirtschaftsleben in vorschriftsmäßigen Bahnen zu halten. Wer allerdings der Staat ist, der das alles macht, wird von den konservativen Vertretern solcher Ideen nicht mit knappen Worten gesagt. Der wirtschaftführende Staat ist im Grunde die obere Beamtenschaft, von der alle verwaltenden und kontrollierenden Tätigkeiten ausgeführt werden sollen; d. h. jene konservative Schicht, die sich um die Ministerien herum lagert, will im letzten Grunde auch die Regulierung der ganzen großen Wirtschaftsmaschine in die Hand bekommen!

Gerade von diesem Punkt aus aber verstehen wir am leichtesten die wirtschaftspolitische Verwandtschaft zwischen Konservativen und Zentrum, denn das Zentrum gelangt auf einem anderen Wege, vielfach aus Gemütsgründen, ungefähr zu einer ähnlichen Auffassung dessen, was der Staat im Wirtschaftsleben tun soll. Dem Zentrum ist um seiner christlichen Grundlage willen aller einseitige und ungebundene Egoismus von Hause aus unsympathisch und verdächtig. Die Parole des Liberalismus: Laß nur die Kräfte sich ausleben, jeder einzelne mag sehen, wie weit er kommt! erscheint von vornherein als etwas innerlich Unchristliches. Dem Liberalismus wird vorgeworfen, er sage zu dem einzelnen: du sollst vergessen, daß du ein Glied des Ganzen, ein Bruder des anderen bist, du sollst dich nur als Einzelmensch ansehen, als Einzelmensch sollst du deine Ellenbogen gebrauchen und darfst die anderen stoßen, sobald es dir gefällt! Das aber ist unchristlich. Du darfst als Christ nur bis zu einer gewissen Grenze deinen Egoismus walten lassen! Die Eigenliebe und Personalfreiheit muß reguliert und eingeschränkt werden, wenn sie nicht die Gesellschaft zerreißen soll, und da man in der modernen Welt keine andere Stelle mehr hat, die eine allgemeine Regulierung und Einschränkung des unchristlichen Egoismus besorgen könnte, erscheint man aus solchen moralischen, religiösen Gründen heraus an der Pforte desselben Staates, vor dem die Konservativen stehen, und spricht zu ihm: siehe doch alles das wüste Wesen, die Jagd nach dem Mammon, den Kampf aller gegen alle! Hier muß eine Friedensmacht sich erheben, die mit Gesetz und Ordnung, mit Kontrolle und Verwaltung dafür sorgt, daß wir uns nicht in gegenseitigem Egoismus aufessen. Der Staat soll sich in alles mischen, soll alles wirtschaftlich regeln, soll dämpfen, hemmen und viele Gesetze machen.

So gelangt also in wirtschaftlichen Dingen das Zentrum auf dieselbe Bahn, auf der die Konservativen von Hause aus sind. Ich muß aber, um das Zentrum im ganzen noch vor unseren Augen erstehen zu lassen, auch auf seine politischen und kirchlichen Grundsätze eingehen. Das Zentrum hat sehr wenig eigentliche Programme. Es erläßt Wahlaufrufe; wer aber Programme mit scharfen, genauen Sätzen sucht, der kommt vergeblich zum Zentrum, denn das braucht es nicht. Eine Partei, die so fest in der Bevölkerung sitzt, braucht weniger Werbeprogramme, und eine Partei, die vielerlei Stände in sich vereinigt, macht lieber Einzelprogramme für die Einzelschichten als Gesamtprogramme, in denen alles für alle enthalten ist. Und besonders eine Partei, die in der Mitte sitzt und als Ausgleichspartei die Hände freihaben will nach rechts und nach links, bei der stets die Möglichkeit bleiben muß, nachzugeben und zu handeln nach bewährter und erfahrener Praxis, wird nicht so unvorsichtig sein, alles vorher geschrieben von sich zu geben, was sie tun soll und tun will. Sie will immer in der Lage bleiben zu sagen: Wir werden den Verhältnissen entsprechend handeln. Ein Teil ihrer eigentümlichen innerparlamentarischen Stärke beruht eben darin, daß sie am wenigsten von allen Parteien Programme hat.

Als das Zentrum seinen Wahlaufruf vom Jahre 1878 erließ, formulierte es, ähnlich wie die Konservativen zwei Jahre vorher, die grundsätzliche Anerkennung des Deutschen Reiches. Das bedeutete aber für das Zentrum noch etwas mehr als für die Konservativen, denn das bedeutete, daß nun endlich alle jene Abneigungen hinweggestrichen seien, von denen vor allem Oberbayern noch lange nach 1870 dröhnend widergehallt hat, als man dort hörte von dem Reiche der Freimaurer und Juden, von diesen . . . Preußen, die man möglichst bald wieder los sein wollte. Selbst diese Antibismarckianer reinster Prägung zwang das Zentrum, sich langsam an die deutsche Reichseinheit zu gewöhnen. Doch innerhalb der Reichseinheit vertritt das Zentrum die Bundesstaaten, die einzelnen. Es bleibt partikularistisch in hohem Grade. Wahrscheinlich würden wir die Reichseisenbahn heute besitzen und damit bessere Reichsfinanzen, wenn das Zentrum nicht Ende der siebziger Jahre viel zu partikularistisch gewesen wäre, um auf einen solchen Gedanken einzugehen. Wir würden auch sonst bessere Finanzen haben, wenn nicht das Zentrum aus demselben Grunde durch die sogenannte Franckenstein'sche Klausel in den achtziger und neunziger Jahren die Rückzahlung großer Reichsbeträge an die Einzelstaaten erzwungen hätte. Immer wurde für die Einzelstaaten gesorgt. Das war ja auch der Grund, warum die Welfen und die Protestler so gern mit dem Zentrum gingen.

Später wandte sich allerdings das Blatt. Als das Zentrum im Reichstag ausschlaggebend wurde, aber eigentlich nur in Bayern über eine sichere Mehrheit in einem einzelstaatlichen Landtag verfügte, fing auch das Zentrum gelegentlich an, die Zentralisierung praktisch zu befördern, indem es durch den Toleranzantrag die Religionsfrage der Einzelstaaten vom Reich aus zu regeln versuchte, denn höher als der theoretische Grundsatz, mehr partikularistisch zu sein als zentralistisch, höher stand die Versorgung der kirchlich-katholischen Interessen. In dieser Hinsicht erhebt das Zentrum fast genau dieselben Forderungen, wie wir sie schon bei den Konservativen gefunden haben. Es fordert die konfessionelle Erziehung der Jugend, die Freiheit und Selbständigkeit der Kirche und außerdem die Freiheit der geistlichen Orden und ähnlicher Gemeinschaften. Aber diese Worte bedeuten beim Zentrum unvergleichlich viel mehr, als sie im konservativen Programm besagen. Denn was ist die Forderung der Selbstverwaltung der kleinen und zerspaltenen protestantischen Landeskirchen gegenüber dem Gedanken der ungehinderten Selbstverwaltung des ältesten und größten kirchlichen Instituts, das über alle Länder hin sich ausdehnt und in Rom seine internationale Einheit besitzt, die Selbstverwaltung des merkwürdigsten vom Mittelalter überkommenen, Geistiges und Wirtschaftliches in sich zusammenschließenden Riesenorganismus! Diese Selbstverwaltung bedeutet für den Staat etwas ganz anderes, als wenn die Landeskirchen der alten preußischen Provinzen oder die Landeskirchen von Mecklenburg oder Baden künftighin sich ihre Konsistorialräte selber bezahlen. Infolgedessen entbrannte um diese Forderungen des Zentrums der Kampf ganz anders, als um die gleichlautenden, aber allmählich matt vertretenen Forderungen der Konservativen. Hier standen Staatsinteressen in Frage. Bei aller Zentrumsfreundschaft blieb immerhin etliches übrig, was der Staat nicht gewähren kann, wenn er nicht sich selber ausschalten will. Stück für Stück freilich wurde die Falk'sche Rüstung abgelegt und aus dem Schuldbuch des Kulturkampfes ein Blatt nach dem anderen herausgerissen. Die Regierung fand, daß besondere Schutzgesetze für die freie Geistesbewegung nicht mehr nötig seien, vielleicht deshalb, weil sie fand, daß Schiffe nötig waren. Schließlich ließ man nur noch die allerletzten Blätter in diesem Schuldbuch stehen, und wenn ich das Zentrum recht verstehe, so möchte es gar nicht, daß die Schuld gar zu vollständig getilgt werde. Denn es ist gut, darauf hinweisen zu können, daß man immer noch Jesuitenfreiheit oder ähnliches zu fordern hat auf kirchlichem Gebiet. Durch die kirchlichen Rücksichten hält das Zentrum auch die Polen an sich.

Wirtschaftlich entsprechen die Wahlaufrufe des Zentrums in vielen Dingen, wie schon erwähnt, dem konservativen Programm. Hier sind dieselben Gedanken über Mittelstand, Gegensatz gegen Spekulation und Börse und Kapitalismus. Stärker entwickelt beim Zentrum ist aber die *Fürsorge für den Arbeiter und die Arbeiterorganisation*, weil das Zentrum auf diesem Gebiet etwas Wirkliches geleistet hat, während, wie ich früher ausführte, die entsprechenden konservativen Versuche ziemlich ergebnislos verlaufen sind. Und so stellt sich das Zentrum gegenüber den agrarischen und mittelständlerischen Konservativen als eine wirtschaftliche Partei für alle dar, nicht als Klassenpartei und nicht als Partei einer Einzelschicht. In diesem Sinne heißt es im Aufruf von 1903: „Das Zentrum war nie und darf nie sein die Partei eines einzelnen Berufsstandes oder einer einzelnen Klasse. Unser Stolz soll bleiben, eine wahre Volkspartei zu sein, welche alle Stände und Klassen umfaßt. Die Grundsätze des Christentums bestimmen unsere gesamte politische Tätigkeit." Grundsätze des Christentums? Was ist das? Im Christentum gibt es den Grundsatz, daß die Einzelseele als einzelne wertvoller ist als alle Welt; das ist die Grundlage des Persönlichkeitsgedankens und des Individualismus; dieser Gedanke des Christentums wird am besten befolgt auf der liberalen Seite. Im Christentum findet sich aber auch der Gedanke, daß der Egoismus des einzelnen gebunden sein soll durch die Rücksicht auf die Gemeinschaftlichkeit aller; das ist der Gedanke, den das Zentrum in den Vordergrund schiebt und zum Mittelpunkt seiner wirtschaftlichen Politik macht.

Von da aus begreift man, daß das Zentrum in wirtschaftlicher Hinsicht *nicht eigentlich neue Gedanken und Richtungen vertritt*. Alle neuen wirtschaftspolitischen Erfindungen entstammen mehr oder weniger einem gewissen Egoismus, der sich nach irgendeiner Seite hin vorwärts drängen und durchsetzen will. Die Zollgedanken sind nicht beim Zentrum geboren worden, sondern innerhalb der konservativen Welt, die sozialpolitischen Gedanken wurden zuerst ausgedacht auf sozialdemokratischer Seite, im

Zentrum kommt alles in der Mitte zusammen. Kaum einer der die Zeit erfüllenden, in die Gesetzgebung eingegangenen Gedanken hat Zentrumsursprung, aber bei fast jedem entstammt die letzte Formulierung den Händen des Zentrums. Die anderen, weil sie wirtschaftspolitisch und politisch schärfer gegliedert sind, vielfach auch dialektisch sehr viel schärfer arbeiten in ihren Gedanken, bringen die programmatischen Ideen zutage, das Zentrum aber sitzt in seiner Werkstatt und sagt: unser Stolz soll sein, alle Klassen, alle Stände zu umfassen, und bei jeder Frage diejenigen Abschleifungen vorzunehmen, durch welche die Sache von einer gemischten Mehrheit angenommen werden kann. Meist freilich geschieht dies mit einer gewissen Wendung nach der konservativen Seite hin.

Auf solche Art wurde das Zentrum die Partei, die sich selbst für notwendig hält für die nationale Existenz. Denn so pflegen sie zu sagen: Wohin würden die anderen bei ihrem rohen Gegensatz der Klasseninteressen geraten, wenn wir nicht als die Partei des Friedens und des Ausgleichs in der Mitte ständen! Diese Überzeugung von seiner taktischen Notwendigkeit wird für das Zentrum der Übergang, um sich in diesem deutschen Staate häuslich einzurichten. Die alten oppositionellen Gefühle der Reichsfeinde der Bismarckischen Zeit, der unentwegten Männer aus dem Kulturkampfe, sind längst übergegangen in Gefühle einer gewissen vorsichtigen Zufriedenheit mit dem gegenwärtig erreichten Zustande. Und größer wird die Zufriedenheit, wenn das Zentrum Berichte aus Frankreich, aus Italien und aus anderen katholischen Ländern entgegennimmt. Dann schaut es sich in der deutschen Heimat um, und es entstehen bei der jüngeren Generation Gefühle der stolzen katholischen Führerschaft diesem unserem Volke gegenüber. Die größere der beiden konservativen Parteien hat dann Empfindungen, wie sie zum Beispiel Professor Spahn, der Sohn des stellvertretenden Vorsitzenden des Reichstages ausspricht: „Schon jetzt ist das Deutsche Reich in seinem noch so unvollkommenen Entwicklungsstadium, worin wir es sehen, die einzige urwüchsige, wahrhafte, organische Staatsschöpfung der neueren Jahrhunderte, eine bewunderungswürdige Hervorbringung des deutschen Staatsgeistes. Wird sein Wachstum zur Reife kommen, so wird das Reich aus innerer Kraft und staatlicher Vollendung die stärkst fundamentierte moderne Großmacht sein."

Das soll heißen: das Deutsche Reich ist auf dem Wege, ein besseres Spanien zu werden. Das soll heißen: alles das, was der Klerikalismus früher in romanischen Ländern versucht hat, wird er unter einer für ihn fabelhaft günstigen Zusammenstellung der Parteien mit Hilfe seiner festgefügten Minderheit auf dem alten Kampffeld Deutschland erlangen: den Staat, welcher staatssozialistisch, Zollstaat und Konfessionsstaat ist. Das ist die moderne Form des katholischen Staatsgedankens. Schwer und langsam gewöhnen wir anderen uns daran, die deutsche Zukunft vom Konfessionalismus ummauert und durch bevormundende Gesetze und Regeln bis zum Übermaß durchzogen uns zu denken. Und wenn irgendetwas dem Liberalismus die geschichtliche Aufgabe stellt, noch einmal wieder in den Vordergrund zu kommen, seine verlorenen Kräfte wieder zu sammeln, sich alle alten Aufgaben neu durchzudenken, dann ist es die jetzt von uns beschriebene Entwicklung. Es gibt in Deutschland einen konservativ-klerikalen Staat, der als Staat durchaus bestehen kann und auf längere Zeit gesicherte Mehrheitsverhältnisse hat, der nur eins nicht erfüllt: die Hoffnungen derer, die das Deutsche Reich gegründet haben, nämlich die Hoffnung auf die unauslöschliche Kraft der deutschen Energie inmitten der Weltwirtschaft und die Hoffnung auf Entfaltung aller ungehobenen Begabungen und Fähigkeiten der deutschen Kultur und der deutschen Seele. Alles, was jener ältere Liberalismus jugendlich kühn für die Zukunft geschaffen hat, ist in feste konservative und klerikale Hände gebracht worden und wird da nach alten Rezepten verwaltet; nicht in ungeschickte, sondern in sehr geschickte und kluge Hände, aber in Hände von ängstlichen Lehrmeistern. Von ihnen wird nun der Nationalgeist erzogen, bewahrt, behütet und bevormundet, daß er nur ja seiner inneren Schaffenskraft und seiner Naturindividualität nicht gar zu viel nachgibt. Hier setzt der tiefste Gegensatz ein, jener innerliche Gegensatz zwischen links und rechts, von dem ich noch einmal zu Ihnen sprechen werde, wenn ich über acht Tage zu Ihnen spreche über die Parteien der linken Seite.

4.

Die Parteien der Linken

Geehrte Versammlung! Als wir bei unserem letzten Zusammensein über die Parteien der Rechten gesprochen haben, habe ich mit Absicht versucht, diese Parteien in ihrer Kraft und Stärke darzustellen, weil nichts vom Standpunkt der Linken aus verhängnisvoller sein würde, als wenn wir die Phalanx auf der rechten Seite unterschätzen wollten. Wir müssen sie in ihrer ganzen Wucht, Geschlossenheit und Selbstzufriedenheit zuerst einmal kennen lernen, um dann an die Aufgabe heranzutreten, was denn nun von unserer Seite zu geschehen hat. Jene Selbstzufriedenheit meine ich, die alles gut findet, selbst in Preußen, etwa so wie schon in den ältesten Zeiten die ältesten Partikularisten in den verlorensten Einzelstaaten immer alles gut gefunden haben. Dieser Selbstzufriedenheit muß Terrain abgewonnen werden durch Idee und Organisation.

Wenn wir also die Geschichte des Liberalismus unter diesem Gesichtspunkt heute miteinander durchgehen, werden wir vielleicht das Wort voranstellen dürfen, daß der Liberalismus der Vergangenheit als Idee groß und als Organisation schwach gewesen ist. Als Idee strahlte er hinein in jene alte Welt der Zünfte, der Kleinstaaterei, der kleinen Pflichten, der kleinen Rechte, in jenes vielgefaltete Winkelbewußtsein, wie es im alten hundertfach zerbröckelten Deutschland nur eben sein konnte. In diese wunderlich verbaute alte Welt trat er mit der Idee, alles einheitlich zu machen, groß zu machen, aufs Ganze zu gehen, eine Nation zu schaffen und in dieser geeinten Nation das größte in die Höhe zu heben, was es überhaupt gibt, den Menschen selbst. Der nationale Staat sei nicht dazu da, damit ein paar Souveränitäten gepflegt und altfränkische Staatsmaschinen in Ordnung gehalten werden, sondern dazu, daß die Bevölkerung wachsen kann in Zahl, Lebenshaltung und Leistung, in Bildung und allem dem, was wir Kultur nennen. Das stellte der alte Liberalismus als seine große Leitidee in den Vordergrund, daß er an das glaubte, was in den Menschen an Gaben und Fähigkeiten schlummert. Vielleicht glaubte er ein wenig jugendlich daran, denn er hatte noch nicht alle die Erfahrungen gemacht, wie mühevoll es ist, Untertanen zu Staatsbürgern umzugestalten. Er glaubte vielfach, daß, wenn die Menschen nur erst die politischen Rechte hätten, würde sich das andere zwischen heute und morgen von selber ergeben; und es ergab sich auch, aber allerdings ein wenig langsamer, und die Konservativen wiesen dann mit Fingern darauf hin und sagten: ihr seht ja, mit dieser Bevölkerung läßt sich wirkliche Politik nicht machen! Als ob sie mit einem Mal zu Politikern geworden wären und als ob sie die Höhe aller Kultur nun ohne weiteres repräsentierten, um so mitleidig und gnädig und vornehm von oben herab auf die ganze übrige Bevölkerung herabsehen zu können! Dieser Stimmung gegenüber hat der alte Liberalismus den Glauben gehabt: es gibt nichts Größeres in der Welt und im Staat als den Einzelmenschen! Jenen Glauben, den die Pädagogen jener Zeit und hoffentlich auch aller Zeiten haben, daß sie nicht glauben, das Höchste sei die Ordnung, sondern das Höchste ist die Seele, das Höchste ist, daß man das schlummernde Kapital, welches mit jedem einzelnen Menschen neu entsteht, sich entwickeln läßt und ihm Möglichkeiten öffnet.

In dieser Generalidee war der alte Liberalismus einig. Aber wenn es sich dann darum handelte, dafür die Form zu finden, da entstand sozusagen in jeder Provinz eine eigene Art von Liberalismus. Es wäre ein Traum, wenn wir uns vorstellen wollten, irgendwann in der Vergangenheit hätten wir bereits einen einheitlichen deutschen Liberalismus gehabt. Stimmungsmäßig sah aber der Liberalismus ganz anders aus in den alten preußischen Provinzen, wo er die fortschrittliche Opposition gegen das einheimische Junkertum war; ganz anders in jenen Rheinbundstaaten, in denen von

Napoleons Zeiten her ein gewisser Klang der Marseillaise sich noch nicht ganz verloren hatte und wo man gewöhnt war, seine Kulturidee von links des Rheins herbeizuholen. Und wieder ein wenig anders war der Liberalismus an der Donau, wo er österreichische Gemütstöne hatte; sehr anders da, wo man im Hannoverlande mit einer halbenglischen Dynastie niedersächsisch um politische Rechte kämpfen mußte; noch anders in Schleswig-Holstein, wo man gegenüber den Dänen das Deutschtum als das Liberale empfand und suchte. Aus allen diesen Provinzialverschiedenheiten des alten Liberalismus wäre vielleicht ein Liberalismus zusammengewachsen, wenn nicht sofort die praktischen Aufgaben, vor die man sich gestellt sah, neue Unterschiede in die vorwärtsmarschierende Truppe hineingebracht hätte. Sie wollten alle Individualisten sein, den Einzelmenschen in die Höhe heben, deshalb aber wollten sie auch selber Einzelmenschen sein und verstanden den Liberalismus vielfach so, daß jeder seinen eigenen Weg gehe und sich nichts von den anderen sagen lasse. Und es gingen die einen diesen Weg und die anderen jenen, und die einen wurden die allerechtesten Demokraten, die anderen aber waren etwas weniger echt, die einen wurden republikanische Demokraten, die nächsten waren konstitutionelle Demokraten und die letzten waren noch etwas monarchischer. Da gab es Erbkaiserliche und solche, die nicht erb-, sondern nur kaiserlich waren. Dazu kamen nachher in der parlamentarischen Praxis die schweren Gegensätze für die Heeresvorlage oder gegen die Heeresvorlage und die Gegensätze zwischen Partikularismus und zentralem Staatsgedanken. Über dies alles aber steigen dann die großen Gegensätze des sozialen Unterschiedes auf zwischen bürgerlichem und proletarischem Liberalismus. An der Fülle dieser inneren Gegensätze hat der Liberalismus so gelitten, daß er nicht in die Höhe gekommen ist.

Der bürgerliche Liberalismus — ich habe es Ihnen in meinem ersten Vortrag kurz dargestellt — hat eine Reihe nebeneinanderarbeitende Parteien übriggelassen, auf seiner linken Seite aber wächst die Sozialdemokratie, und ein großer Teil der Kraft, die überhaupt von der deutschen Linken aufgebracht werden konnte, erschöpfte sich nun darin, daß man sich gegenseitig untereinander auseinandersetzte, daß die verschiedenen Teile des bürgerlichen Liberalismus ihre Grenzen immer neu regulierten, etwa wie die kleinen Staaten auf dem Balkan niemals aufgehört haben, ihre Landkarten beständig ein wenig zu verschieben und glauben, damit in der Welt mehr zu bedeuten.

Noch mehr Kraft aber wurde auf diese Auseinandersetzungen der Linken verwendet, als der bürgerliche Liberalismus zur Sozialdemokratie in das Verhältnis des Kampfes ums Dasein trat. Man fragt sich nachträglich, ob das zu vermeiden war. Der Sozialdemokrat pflegt uns zu sagen, daß auf Grund seiner materialistischen Geschichtsauffassung es ein notwendiger Gegensatz sei, daß die Proletarier eine andere Partei schaffen als auch die fortschrittlichen bürgerlichen Elemente. Und da bei uns in Deutschland die Sache so liegt, sind wir leicht geneigt, die Theorie deshalb für richtig zu halten, müssen uns nur fragen, warum in einem Staate, der alle diese Entwicklungen um etwa sechzig oder siebzig Jahre zeitiger durchlebt hat als der unsrige, warum in England die Sache nicht ebenso gegangen ist. Wenn es naturnotwendig ist, daß mit dem Entstehen eines Proletariats zugleich auch eine politische Trennung nach Klassen eintritt, dann mußte sie in England eintreten. Der Versuch dazu war ja in den dreißiger Jahren des vorigen Jahrhunderts vorhanden. Die englische Partei der Chartisten fing an, etwas Ähnliches zu werden, wie es bei uns die Sozialdemokratie geworden ist. Dann aber schoben sich zwei Menschenalter dazwischen, wo die Anfänge der proletarischen Bewegung in den Liberalismus hineingeströmt sind und ihm Kraft und Einheit gegeben haben. Die großen Tage Gladstones und anderer unvergeßlicher Führer des englischen Liberalismus wären nicht denkbar gewesen, wenn die englischen Arbeiter sich vom englischen bürgerlichen Liberalismus grundsätzlich getrennt hätten. Man antwortet uns: Ja, aber jetzt kommt es doch so; jetzt seht ihr ja bei den letzten Wahlen so und so viele Arbeiterkandidaten und so und so viele Liberale! Ich will zugeben, es kann die Trennung zwischen Arbeitern und Liberalen in England kommen; ob sie kommt, wissen auch gute Beurteiler heute noch nicht, aber sie kann kommen. Dann kommt sie aber in England ungefähr sechzig oder siebzig Jahre hinter dem Zeitpunkte, an dem sie in Deutschland eingetreten ist. Im Zentrum hat man den Klassengegensatz überwunden: in der katholischen Hälfte des deutschen Volkes hat man es fertig gebracht, Arbeiterorganisationen nicht nur mit liberalen Elementen, sondern selbst mit konservativen Elementen in einer Partei zusammenzuhalten. Uns erscheint das als eine Nivellierung der Gegensätze, als eine Abschwächung der Wirklichkeit, aber es beweist sicher soviel, daß, wenn von beiden Seiten die Größe der Gefahr von Anfang übersehen worden wäre, was es für Deutschland bedeutet, daß die Linke sich grundsätzlich in eine proletarische und in eine bürgerliche Hälfte auseinandersonderte, vielleicht hätte es in der Vergangenheit Wege gegeben, unsere Geschichte auf ähnliche Bahnen zu bringen, wie sie die englische politische Geschichte gegangen ist. Doch wir, die wir vor längst vollzogenen Tatsachen stehen, hineingeboren nun in Zeitalter verworrener Parteikämpfe und verlorener Schlachten der Linken, wir können zunächst nichts tun, als mühsam aus der Vergangenheit herauszulesen, wo die Früheren auf Irrwege gegangen sind, und wie wir aus all dem Durcheinander der vergangenen Kämpfe einer kräftigeren Zukunft entgegenschreiten können.

Als der deutsche Liberalismus aufstieg, fing er an mit der sicheren Überzeugung, daß er für alle Volksteile, für die obersten und für die untersten, *für alle Staatsbürger in gleicher Weise den Fortschritt bedeute*. Das legte er nieder in seinen ältesten Dokumenten.

Manche Leute wissen nicht, wo die ältesten Dokumente des deutschen Liberalismus sind und verwundern sich, wenn man ihnen sagt, wo sie das beste, kürzeste Lehrbuch dessen finden, was der alte Liberalismus politisch gewollt hat: nämlich in der preußischen Verfassung. Und zwar im ersten Teile der preußischen Verfassung. Die preußische Verfassung hieß, ehe sie fertiggemacht wurde, die Charte Waldeck und enthielt das Bekenntnis der alten Fortschrittler aus der Nationalversammlung in Berlin. Diese Charte Waldeck nahm man nachher in Regierungshände und dort wurde sie in ihren ausführenden Bestandteilen so umgeändert, daß die Nachsätze immer das Gegenteil zu dem zu sagen pflegen, was in den Vordersäzen ausgesprochen ist.

Doch hören wir zunächst einmal die preußischen Vordersätze als Urkunde dessen, was Liberalismus gewesen ist. Ich möchte, Herr v. Bethmann Hollweg läse einmal als preußischer Ministerpräsident die erste Hälfte der preußischen Verfassung vor versammeltem Ministerium und Landtag vor. Dann würde er anfangen mit dem Satz: „Alle Preußen sind vor dem Gesetze gleich." Er würde fortfahren: „Standesvorrechte finden nicht statt." „Die öffentlichen Ämter sind unter Einhaltung der von den Gesetzen festgelegten Bedingungen für alle dazu Befähigten gleich zugänglich." „Die persönliche Freiheit ist gewährleistet." „Wohnung ist unverletzlich." „Niemand darf seinem gesetzlichen Richter entzogen werden." „Strafen können nur in Gemäßheit des Gesetzes angedroht oder verhängt werden." „Das Eigentum ist unverletzlich." „Die Freiheit der Auswanderung kann von Staats wegen nur in bezug auf die Wehrpflicht beschränkt werden." „Die Freiheit des religiösen Bekenntnisses, der Vereinigung zu Religionsgemeinschaften und der gemeinsamen häuslichen und öffentlichen Religionsübungen wird gewährleistet." „Der Genuß der bürgerlichen und staatsbürgerlichen Rechte ist unabhängig von dem religiösen Bekenntnis." „Die Wissenschaft und ihre Lehre ist frei."

Diese Stücke der preußischen Verfassung sollten in allen Vorzimmern der Landratsämter zur Kenntnis aller Beteiligten ausgehängt werden. Aus diesen Stücken preußischer Verfassung sieht man, woran den damaligen Verfassungschöpfern gelegen ist. Das Wort „frei" kommt hier immer wieder. Die Wissenschaft und ihre Lehre ist frei! Frei seid ihr von Beschränkung usw.! Der Staat scheint also dazu da zu sein, Menschen frei zu machen. Inzwischen ist er aber offenbar dazu da, Menschen gebunden zu machen. Wenn ihm das vorzüglich geglückt ist, sowohl in konfessioneller wie in wirtschaftlicher Hinsicht, dann findet der Ministerpräsident von heute das alles außerordentlich gut, jene ältere Stimmung aber war die umgekehrte. Die Menschen sollten soviel freie Bewegung haben, daß jeder auf sein eigenes Risiko glücklich oder unglücklich werden kann, daß jeder sich in der Weltanschauung und in der Politik seinen Glauben suchen kann. Sucht er sich etwas Verfehltes, so hat er es sich wenigstens selber gesucht. Dieses „er hat es sich selber gesucht", das war das Große, was man der Bevölkerung geben wollte, worin noch mehr lag, als wenn man Pensionsrechte und Versicherungen verteilt. Gesetze, wie sie auf Grundlage dieses ersten Teiles der preußischen Verfassung nötig werden, lassen sich allerdings nur schaffen, wenn die Stimmung und Gesinnung des Volkes im ganzen dementsprechend ist. Liberalismus läßt sich nicht kommandieren, beim besten Willen nicht. Denn wo die Bevölkerung nicht innerlich auf gegenseitige Achtung der Persönlichkeiten bestimmt ist, nützt es ja gar nichts, wenn in der Verfassung steht, daß falsche Unterschiede nicht gemacht werden dürfen. Wenn die Bevölkerung in der Stimmung ist, sich gern den alten Herrschergeschlechtern unterzuordnen, dann nützt gegenüber der Unterordnungsstimmung es auch nichts, wenn formale Rechte in einer Verfassung niedergeschrieben sind. Liberalismus baut sich darauf auf, daß Einzelmenschen nicht nur selber selbständig werden wollen, sondern daß sie auch ihren Nächsten wünschen, daß sie selbständig werden sollen.

Und zwar gilt das nicht nur von den politischen Beziehungen: und damit berühre ich eine der wundesten Stellen in der moralischen und psychologischen Haltung vieler Liberalen, die da sagen: die Gleichheit der Bürger gilt theoretisch in der Politik, schon gesellschaftlich gilt sie nicht, im wirtschaftlichen Betriebe gilt sie gar nicht; die allgemeinen menschlichen Verhältnisse bleiben unliberal, nur in der Politik wollen wir liberal sein! Sobald man die Sache so macht, bleibt man auch in der Politik nicht liberal, denn dann fehlt eben jener Gesinnungsuntergrund, auf dem der Liberalismus der Verfassung zum Liberalismus des Volkes wird. Man hat vor einem halben Jahrhundert etwas zu einseitig nur vom Verfassungsliberalismus geredet. Damals stand im Vordergrunde die politische Einheit und Macht des deutschen Volkes. Es war zwar immer dabei ein Bewußtsein vorhanden bei den alten Liberalen in der Frankfurter Paulskirche und im Nationalverein und auch bei den alten Berliner Fortschrittlern, daß die Gewinnung der deutschen Macht eine Umänderung der sozialen Gesittung im Staate und eine Liberalisierung der Gesellschaft voraussetzt, eine Freimachung des Willens der einzelnen. Erst dadurch entsteht Nation, entsteht jenes sichere, stolze und kühne Bewußtsein, was man an Engländern und Franzosen vielfach bewundert und das in Deutschland herangezogen werden muß. Man kannte im alten Liberalismus den engen Zusammenhang zwischen nationaler Macht und freier Bewegung der einzelnen: Der Rhythmus der Nationalität wird überhaupt dann erst groß, wenn jedes einzelne Glied der Nation etwas eigenen Rhythmus, Zukunftsfreudigkeit, Selbständigkeit und Stolz in sich hat. Die Konservativen hatten wesentlich die Anschauung, daß dann, wenn es nur überall gute Feldwebel gibt, das übrige sich ganz von selber mache, weil der Mensch ein Material ist, das kommandiert wird. Der Liberale aber sah die Sache anders an: Je mehr die Menschen selber wissen, was von ihnen abhängt, desto weniger braucht der Feldwebel als Fronvogt über ihnen zu stehen. Dadurch war für sie die militärische Auffassung innerlich psychologisch eine andere geworden und man dachte auch über die Verwaltungsfragen anders als die Konservativen. Das Wort Selbstverwaltung bedeutete im Munde jenes alten Liberalismus nicht nur ein Schema, nach welchem Gemeinderäte und Kreisausschüsse gewählt werden sollten, sondern es bedeutete den Willen jedes einzelnen, in seinem Kreise und in seiner Gemeinde und in seiner Nation sich selber mit an die Arbeit zu stellen und etwas Politisches zu tun. So entstand erst im Deutschtum die große Idee: ein Volk sein zu wollen, ein politisches Volk, in dem jeder seine Bedeutung hat. Wir auf der linken Seite dürfen uns niemals das nehmen lassen, daß die Idee der Nationalität auf unserer Seite geboren ist und zu ihrer Höhe immer nur dann steigen wird, wenn sie von neuem gesättigt wird mit dem Gedanken des freien, sich selbst verwaltenden Staatsbürgers. Die Idee der Nationalität wird ein Schematismus, ein Bevormundungsapparat, wenn sie nicht mit Liberalismus gesättigt ist. Ohne darum den Konservativen Vaterlandsliebe oder irgendetwas Ähnliches absprechen zu wollen, muß die linke Seite es als ihre Fahne hochhalten, daß sie aus dem Partikularismus und aus der Kleinstaaterei heraus den Gedanken emporgehoben hat, daß das deutsche Volk ein Einheitsvolk in der Weltgeschichte werden solle! Und wenn wir auf unserer Seite die auswärtige Politik oft im einzelnen anders auffassen als die auf der Rechten, etwas weltbürgerlicher, etwas mehr mit Richtung auf Schiedsgericht und Austausch gegenüber den anderen Nationen, so dürfen wir niemals dulden, daß man uns das als ein geringeres Maß an Nationalsinn oder politischer Kraft darstellen will. Im Gegenteil müssen wir das fest verkünden: es gibt gar keine Richtung in der deutschen Geschichte, solange überhaupt das Deutschtum lebt, durch welche die Nation als Ganzes so gehoben worden ist wie durch den alten Liberalismus. Denn alle Achtung vor dem, was das preußische Heer getan hat, und alle Verehrung für das, was Bismarck schuf: ohne die Grundlage dieser eben beschriebenen und damals neuen Gesinnung wäre das Deutschtum nie das Weltvolk geworden, das es heute ist.

Ähnlich verhält es sich auch auf wirtschaftlichem Gebiete. Der Liberalismus mit seinem Glauben an den freien Mann zerbrach die alten Zünfte, stürzte die alten Schlagbäume, machte ganz Deutschland zu einem Markte und öffnete die Grenzen dieses Marktes. Freihandel, freies Gewerbe, freie Berufswahl, Freizügigkeit! Gegen alle diese Freiheiten konnte man dieselbe Rede halten, die heute da drüben im Hinterhause des Preußentums gegen das bessere Wahlrecht gehalten worden ist, nämlich jene Rede: es ginge ja uns allen eigentlich auch ohne neue Freiheiten schon ganz gut; aber wie gut es gehen würde, nachdem man die Fesseln zerbrochen hat, das konnten die Leute vorher nur ahnen, aber nicht beweisen. Die Liberalen konnten nur sagen: Wartet den Vorteil ab, wartet und seht, wenn wir alle diese nutzlosen Bande einmal gelöst haben, was für gewaltige Glieder diese Nation dann recken wird! Wir jedoch, die wir rückwärts schauen und aus der Geschichte lernen sollen, wir können rückwärts blickend feststellen, daß das eingetroffen ist, was damals Hoffnungen der Glaubenden waren. Sind wir nicht ein völlig anderes Wirtschaftsvolk geworden? Der Aufschwung der deutschen Lebensfähigkeit, den wir von den sechziger Jahren an erlebt haben, ist doch nicht etwa ein konservatives Gewächs, das können doch nicht die Männer auf der konservativen Seite sich auf ihr Konto buchen, denn alle die Voraussetzungen der gewaltigen neuen Entwicklung haben sie ja nicht gewollt. Alles Neue ist ihnen von der linken Seite abgedrängt und manchmal auch — geben wir ruhig zu — auf eine etwas ungebildete Weise abgetrotzt worden. Aber die das taten, waren immer in unendlich größerem geschichtlichen Rechte als diejenigen, die mit einer vornehmen Kritik sich vor der unabsehbaren Entwicklung gefürchtet haben. Wir haben erlebt, wie durch die Loslösung aus alten Banden ein wachsendes Volk entstand, das sich in jedem Jahr erst halbe und später fast ganze Millionen von Menschen zusetzte, ohne daß wir ärmer wurden. Erlebt haben wir, wie der Tod von dreißig pro Mille auf zwanzig pro Mille zurücktrat, und wie ein Gewerbewesen entstanden ist mit einer Fülle von Arbeit, mit einem Umsatz, mit einem Durchschnittswohlstand, den man vorher auf diesem armen deutschen Boden nie für möglich gehalten hätte.

Trotz dieses großen Geschichtsbeweises für das, was der Liberalismus wirtschaftlich fertigbringt, sind aber dann doch die Menschen wieder von ihm weggegangen. Wo lag dazu der Grund? Sie gingen vom Liberalismus weg, weil sie im wirtschaftlichen Aufsteigen sich über ihre Anteile am allgemeinen Gewinne nicht mehr vertrugen. Im wachsenden Deutschland fingen die Wachsenden an, sich zu streiten. Nachdem einmal die Aufwärtsbewegung da war und alle in größeren Ziffern zu rechnen anfingen, rechneten sie sich gegenseitig ihre Vorteile nach; und die, die noch vorhin gesungen hatten, wir seien ein einig Volk von Brüdern, fanden jetzt, man gewänne doch mehr durch besondere Interessenpolitik. So erschien mittem im Aufstieg auf eine natürliche Weise wieder neue Scheidung. Der Landmann rechnete es dem Städter vor, was dieser von der modernen Entwicklung mehr hätte und hielt sich von da an für notleidend; nicht deshalb, weil es ihm schlechter gegangen wäre als in der Vergangenheit (das war sicher nicht wahr), aber weil er nach seiner Meinung weniger leicht verdiente als der städtische Bürger und Händler. Es trat überall die Forderung auf, wir wünschen ebenso schnell vorwärtszukommen wie der Kapitalist, wie der Großkaufmann, wie der Industrieunternehmer, wir alle! Das aber führte in der Praxis dazu, daß die einen den Staat benutzen wollten, um den anderen den langsameren Schritt beizubringen. Während es vorher hieß: ihr marschiert alle, ihr kommt alle zusammen am weitesten vorwärts! begann jetzt auf einmal das Rufen nach den Männern an der Spitze, sie sollen doch die Vorderkolonne etwas anhalten, damit die von hinten nachkommen könnten. Allmählich rief jede Hinterkolonne zu ihrer Vorderkolonne, daß sie Halt machen sollte, und so entstand jenes große konservative Rufen nach zahlreichen haltmachenden Gesetzen. Man rief an der Reichsgrenze dem Warenaustausch einen Halt durch Zölle und im Innern dem ungehinderten Manchestertum einen Halt durch Wirtschaftsgesetze zu. Damit beginnt die schwerste Zeit, durch die der Liberalismus hindurchmußte und in der wir noch leben.

Zuerst rede ich von dem, was an der Zollgrenze geschah. Noch einmal: Wenn die deutschen Bauern einigermaßen Geschichtskenntnis und geschichtliche Erkenntlichkeit hätten, so müßten sie dem Liberalismus als Gesamtrichtung eine unendliche Dankbarkeit und Pietät bewahren, denn sie müßten dann sich sagen: Wer hat euch freigemacht von den Fronpflichten und den Gutsleistungen? Wer hat euch überhaupt dahin gebracht, daß der Name Bauer ein Ehrenname geworden ist? Wer gab euch jene Selbständigkeit und Bildung, kraft deren ihr jetzt eine große bäuerliche Organisation machen könnt im ganzen Lande? Wer gab euch jene vielen Möglichkeiten, für den Markt zu produzieren, wodurch ihr wirtschaftlich gestiegen seid? Alles das war undenkbar ohne die alten Liberalen!

Der Bauer aber hielt sich nicht lange mit historischen Dankbarkeiten auf, sondern fing an, sich über die kapitalistischen Städter zu beklagen: sie erwerben große Reichtümer, wir aber kommen zurück! Diese Wendung trifft zeitlich zusammen mit dem Niedergang der Getreidepreise durch ausländische, wesentlich durch neue südamerikanische Konkurrenz. Es setzt jene Angst ein, die ich schon früher einmal beschrieben habe. Wenn damals der Liberalismus als Ganzes bis in seine rechtsstehenden Bestandteile hin handelspolitisch Nerven behalten hätte, so wäre es nicht unmöglich gewesen, daß er auch über die Zeit der geringen Getreidepreise hinaus unsere nationale Wirtschaft nach außen hin frei von Beschränkungen durchgehalten hätte. Daß es an sich nicht unmöglich gewesen wäre, beweisen unsere Grenzländer Holland, Belgien und Dänemark; drei Länder, deren landwirtschaftliche Vorbedingungen nicht sehr viel andere sind als diejenigen, die wir direkt neben ihnen in unserem Lande vorfinden. Sie haben es fertiggebracht, ohne eine Periode der Zölle ihre Landwirtschaft oben zu erhalten. Niemand in aller Welt, der etwas von diesen Dingen versteht, wird sagen, daß jetzt nach einem zollfreien Menschenalter die Landwirtschaft Dänemarks, Hollands oder Belgiens arm, krank und verwüstet vor unseren Toren läge, wir dagegen allein glückliche und gesättigte Gehöfte haben, weil wir die zöllnerische Wirtschaftspolitik eingeschlagen haben. Die Nachbarländer beweisen allerwenigstens so viel, daß auch der andere Weg möglich war. Aber der rechte Flügel unseres deutschen Liberalismus zweifelte an der Möglichkeit, seinen alten Freihandelsgedanken durchzuhalten, und Miquel wurde den Nationalliberalen zum Führer in die Zolltheorie hinein. Es drückte sich das im Jahre 1881 in dem damaligen Programm der Nationalliberalen in folgenden Worten aus: „Meinungen über Schutzzoll und Freihandel dürfen nicht zur Grundlage politischer Parteibildung dienen." Das hieß mit anderen Worten: Der Liberalismus als solcher besitzt keine grundlegende Wirtschaftsauffassung mehr in Handelspolitik! Kein Wunder, wenn von da an die Suggestion der Zollfreunde, der Druck auf die öffentliche Meinung immer größer wurde, bis schließlich nur wenig Leute übrigbleiben, die sich ihm auch jetzt noch entziehen können. Wenn es heute im neuen Vereinigungsprogramm der Linksliberalen heißt: „schrittweise Herabminderung", so ist auch das ein Zeichen dafür, wie nun von da alle Liberalen sich stärker mit der Tatsache befreunden mußten, daß fast das ganze Volk vom Zoll- und Zollschutzgedanken ergriffen wurde.

Und wenn wir uns heute auf Grund dieser Entwicklung fragen: was wird und kann denn nun der Liberalismus auf handelspolitischem Gebiete leisten? so werden wir nicht antworten können, daß irgend einmal über Nacht von selber der Freihandel wieder einzieht. Dazu ist das Zollsystem viel zu sehr verwachsen mit Geschäft und Verschuldung. Ein ganzes Menschenalter hat unter Zöllen gelebt, so daß jetzt fast jeder Preis und alles, was man angreift, und jedes Stück Land mit Zollsätzen zusammenhängt. Aber die Engländer haben das auch schon früher einmal ebenso gehabt, sie haben das alles durchgemacht; auch sie haben ihre Zeit der großen Schutzzöllnerei durchlebt und haben, wenn alte Zölle nicht reichten, ihre Zölle höher gemacht, und wenn sie dann doch wieder Not litten, noch ein neues Zollstockwerk auf die bisherigen aufgebaut; alles haben sie ebenso wie wir erlebt, bis gegen Ende der dreißiger Jahre des vergangenen Jahrhunderts bei ihnen das Gefühl überhandnahm: Wohin gelangen wir denn schließlich mit dieser unersättlichen Zöllnerei und Überzöllnerei? Das war die Zeit, in der Robert Peel, ein Staatsmann, der nicht ohne weiteres ein Verteidiger des Vorhandenen war, obwohl er konservativen Ursprungs zu sein sich rühmte, das war die Zeit, in der dieser Minister den erfolgreichen Versuch machte, die englische Volkswirtschaft auf einen liberalen Boden zu stellen. Und ich zweifle nicht daran: auch für uns Deutsche kommt, je mehr die Übertreibungen des Schutzzollsystems sich auswachsen, je mehr man den Handel bevormundet und je mehr man mit allen anderen Staaten immer neue Zoll- und Rechnungsschwierigkeiten schafft, allmählich eine Zeit, wo erst irgendein gewerblicher Berufsstand und dann ein anderer und dann mehrere und nachher viele Fertigindustrien auf einmal und endlich Haufen von Fabrikanten aller Art, ähnlich wie in England ums Jahr 1840, zu rufen anfangen: Ihr habt uns eingeschnürt und habt uns gepanzert und habt uns dabei gesagt, nun seien wir geschützt; aber indem ihr uns panzertet, kamen wir in die Lage jener alten Ritter aus dem fünfzehnten Jahrhundert, die durch ihre Umpanzerung zwar so sicher waren, daß niemand mehr sie erschießen konnte, die aber nicht mehr allein auf ihre Pferde steigen konnten, weil sie so voll schweren Metalls hingen. So panzern wir allmählich unser Wirtschaftsleben, bis aus dem Innern dieser Panzerung heraus der Notschrei hörbar werden wird: Macht mir nur einmal Luft, selbst auf die Gefahr hin, daß jemand auf mich schießen kann! Luft muß ich haben, um arbeiten zu können! Das wird sich einmal so begeben, dann aber wird es nicht kommen aus der Theorie von ein paar Leuten, die man heute als Doktrinäre bezeichnet, sondern wir paar Doktrinäre werden nur die sein, die den richtigen Gedanken durchgetragen haben, selbst durch seine schwächste und schwerste Zeit. *Wenn der Freihandel wiederkommt, muß er herauskommen aus den Gewerben selbst als ein Hilfeschrei ohne alle Theorie.* Dann wird es sich fragen, wie weit die proletarische Hälfte des Liberalismus, die Sozialdemokratie, in diesem entscheidenden Moment den einen großen Heerstrom aller Neuschaffenden ihrerseits zu verstärken gewillt ist.

Und damit gelange ich zur anderen und noch bedeutenderen Schwierigkeit in der inneren Entwicklung des Liberalismus: *die Stellung zum Arbeiter und zum Arbeitsvertrag.*

Es erklärte der alte Liberalismus: Ihr seid alle frei, denn ihr habt nun Freihandel mit allem, was euch gehört, auch mit eurer Arbeitskraft! Infolgedessen kann nun der Arbeiter seine Arbeitskraft so gut verkaufen wie er will, und wenn ihm der Preis nicht paßt, dann verkauft er sie eben nicht! Wenn er in Arbeitsstätten arbeiten soll, die ihm zu dunstig und eng sind, so wird er das eben nicht tun, denn er ist ein freier Mann! Ja! Wir wissen aber inzwischen — damals sah man es noch nicht ganz —, daß nur der frei sein kann, der weiß, wovon er die nächsten vier Wochen lebt. Wer das nicht weiß, dem nützt die schönste Theorie darüber, daß man sich frei verkaufen könne, zunächst gar nichts. An dieser Stelle setzte die sozialistische Kritik des liberalen Arbeitsvertrages ein und hatte ihr Recht und ihr Unrecht zugleich in sich. Beides aber auseinanderzuhalten, war jener Generation kaum möglich, da es selbst uns heute nach den Erfahrungen so langer Jahrzehnte noch immer schwer genug ist. Soviel darf freilich als sicher gelten: gegenüber den Zuständen der konservativen Gebundenheit, die vorher bestanden, war der freie Arbeitsvertrag ein gewaltiger Fortschritt und Vorteil, denn er machte den einzelnen Arbeiter selbständig. Der einzelne Arbeiter war jetzt eine Person für sich, er war nicht leibeigen, war nicht mehr dienst- oder fronpflichtig, sondern konnte über sich entscheiden. Dieses große „über sich entscheiden können" erkaufte er allerdings mit der Gefahr, sich zeitweise selber hart binden zu müssen, wenn er mittellos dem Arbeitskäufer gegenüberstand.

Soll man nun um dieser Wirkung willen den ganzen Gedanken des freien Arbeitsvertrages wieder aufgeben und sagen: die Menschheit braucht, damit alle einzelnen erhalten werden, eine Normalform der gebundenen Versorgung? Diese Fragestellung würden wir noch heute mit nein beantworten und würden auch heute noch sprechen: Obwohl wir es wissen, wie im liberalen System Arbeitslose auf die Straße geworfen werden, und wie es den Leuten gehen kann, die nichts besitzen als das Recht eines freien Arbeitsvertrages, so müssen wir doch anerkennen, daß die konservativen Zustände der absoluten Gebundenheit als eine noch viel dunklere Nacht hinter betrüblichen Zuständen des freien Arbeitsvertrages liegen. Aber freilich: wir müssen ebenfalls zugeben, daß der freie Arbeitsvertrag für viele Teile der arbeitenden Bevölkerung fast unwirksam ist. Nämlich: je besser gelernt eine Arbeit ist, desto mehr kann sie einen Preis fordern. Je ungelernter sie aber ist, desto weniger ist sie imstande, überhaupt eine bestimmte Forderung zu stellen. Ungelernte Arbeit bleibt Arbeit von menschlichen Nummern, denn der Mensch wird überhaupt erst Persönlichkeit dadurch, daß er etwas bestimmtes Eigenes lernt und kann und sein besonderes Ich in seine Arbeit hineinzulegen vermag. Nun aber enthält jede Volkswirtschaft, auch die unsrige und auch wahrscheinlich alle zukünftige Volkswirtschaft, einen großen Bestandteil ungelernter, niedriger Arbeiten, einfacher, ungelernter Hilfsarbeiten. Wenn man die einfachsten Hilfsarbeiter auf den freien Arbeitsvertrag verweist: ihr seid frei, ihr könnt euch nach eurem Werte verkaufen! dann rufen diese Leute: wer gibt sich die Mühe, uns Nummern so weit zu prüfen, daß er überhaupt die Unterschiede merkt? Bei uns verschwindet alles Individuelle und Persönliche, und da es vor den Toren des Bergwerks und an den Bureaus der Bahnarbeiten verschwindet, können wir als Einzelmenschen keinen freien Arbeitsvertrag besitzen.

Man sieht dasselbe aber auch bei fast allen denen, die nicht als Arbeitsverkäufer organisiert sind, und damit komme ich auf den zweiten Gesichtspunkt. Der freie Arbeitsvertrag existiert einigermaßen, wenn ein Verband der Arbeitsverkäufer sich einstellt. Der Verband der Arbeitsverkäufer ist uns ja allen geläufig. Er heißt Gewerkschaft oder Gewerkverein; dabei handelt es sich heute um Millionen organisierter Arbeiter, die ihre Verbände unter großen Anstrengungen und Opfern aufgerichtet haben. Was machen sie eigentlich in ihrem Verbande? Sie stellen sich etliche Sekretäre an, damit diese für sie den Arbeitsverkauf regulieren. Nicht ausführen; denn im Grunde verkauft jeder einzelne seine Arbeit und macht seinen Vertrag! Der Sekretär normiert, regelt die Bedingungen, zu denen von den einzelnen die Arbeit verkauft werden soll. Überall dort, wo ein Verband der Arbeitsverkäufer möglich ist, behält der Arbeitsvertrag einen Sinn. Es gibt aber Schichten, in denen ein Verband der Verkäufer fast unmöglich ist. Beinahe alle weiblichen Berufe sind in diesem Sinne schlecht oder nicht organisierbar. Ich will damit nicht sagen, daß das immer so bleiben müßte, sondern ich will nur zunächst die Tatsache aussprechen, daß die vielen weiblichen Arbeitskräfte in der Textilindustrie einen freien Arbeitsvertrag durch Organisation sich zu schaffen nicht vermocht haben. Diese hören dann das Wort „frei", aber es klingt über ihre Köpfe oben hinweg, wie wenn ein starker Wind oben in den Bäumen weht und man sitzt unten zwischen Mauern, wo er nicht hinkommen kann. So saßen auch jene ersten Weber und Strumpfwirker, vor denen Lassalle erschien. So saßen die Unterschichten der Arbeiter in Hamburg und Berlin, als zu ihnen die erste sozialdemokratische Agitation gelangte. Sie hatten zwar das Wort von der Freiheit gehört, denn das Wort Freiheit erklang damals überall, war auch damals noch lebendiger als heute, sie hörten es aber wie eine ferne Kunde: was wird uns davon? Was haben wir vom freien Verkauf? Und so entstand unter ihnen und für sie, für sie gedacht von Marx und seinen Freunden, von ihnen selber aber getragen unter vielen Opfern, der Sozialismus als Gegenstück zum Liberalismus. Der Liberalismus hat gesagt: Ihr seid Einzelpersonen, und das größte, erhabenste und schönste, was es gibt, ist der Einzelmensch! Jetzt tönte es von unten herauf: Einzelmensch, das ist etwas für euch da oben! Massenmenschen, organisierte Menschen, zusammengefaßte Menschen, Sozialisten wollen wir sein! Und die damaligen Liberalen, die diesen Klang von unten herauf zuerst hörten, verstanden ihn gar nicht. Denn sie waren noch so glücklich in dem Neuen, was sie gefunden hatten, daß mit der Parole von der Freiheit aller einzelnen die Welt reformiert werden könne, daß es ihnen unbegreiflich war, wenn andere Leute von diesem neuen Glück nicht gleich ihnen überzeugt, entzückt und berauscht waren. Der Unwille, Groll und Haß, der ihnen von unten begegnete, war der ersten liberalen Generation innerlich überhaupt nicht deutlich zu machen. Ich habe noch ein gutes Teil von jener älteren liberalen Schicht gekannt, zum Teil Männer von ausgezeichneter Bildung, von tüchtigem Nachdenken, aber wenn sie an diese Stelle kamen, dann hörte für sie das Besinnen auf: wie können diese Menschen nur ihr Ideal darin sehen, sozial zu sein, Masse zu sein? Das war so sehr das Gegenteil des liberalen Lebensideals, mit dem damals zwei bis drei Menschenalter der deutschen Bildung in die Höhe gestiegen waren, daß sie es glattweg als Verrücktheit bezeichneten.

Darum verstand man sich nun auch über die einzelne Reform nicht. Über das Politische zwar konnte man sich zur Not verständigen, denn die Sozialdemokratie war, politisch angesehen, der linke Flügel des Liberalismus. Sie machte alles etwas radikaler, aber im Grunde machte sie dasselbe. Ebensogut wie man in der Paulskirche im bürgerlichen Liberalismus Republikaner gehabt hatte, so erlebte man jetzt eben Republikaner in der Sozialdemokratie, und wie es im bürgerlichen Liberalismus immer Demokraten gegeben hat, die das Bedürfnis hatten, ihre Anklagen gegen die Gegenwart stärker auszudrücken als andere mehr gemäßigte Elemente, so fand man, daß in der Sozialdemokratie der Radikalismus in einer neuen Form auftrat. Das war nicht die eigentliche Schwierigkeit, sondern die Schwierigkeit war das Volkswirtschaftliche. Da nun aber auch die Sozialdemokratie in ihren Anfängen das Neue, was sie gegenüber dem Liberalismus bringen wollte, nur unklar auszusprechen vermochte, sozusagen große Dinge mit einem ahnenden Stammeln in diese fremde Welt hineinrief, so wußten die meisten Liberalen überhaupt nicht, was mit den Programmen der Sozialdemokratie an ihre Türe klopfte. Hören wir, wie die sozialdemokratischen Programme es auszudrücken suchten:

Das sozialdemokratische Programm vom Jahre 1869 sagt: „Es erstrebt die sozialdemokratische Partei unter Abschaffung der jetzigen Produktionsweise durch genossenschaftliche Arbeit den vollen Arbeitsertrag für jeden Arbeiter.“ Das hörten die bürgerlichen Volkswirtschaftler und sagten: voller Arbeitsertrag, was ist das? Das ist der Kaufpreis! Den Kaufpreis bekommt ihr. Gibt es einen anderen Arbeitsertrag, als den Marktwert? Wonach konstruiert er sich? In welchen Wolken ist geschrieben, wieviel eine Arbeit wert sein soll, wenn ihr sie anders taxieren wollt als andere Marktwerte? Die Sozialdemokratie selber aber änderte ihre mißverständliche Formel und sagte im Jahre 1875 bei der Vereinigung der Lassalleaner mit den Marxisten folgendes: „Wir erstreben die Zerbrechung des ehernen Lohngesetzes durch Abschaffung des Systems der Lohnarbeit, die Aufhebung der Ausbeutung in jeder Gestalt, die Beseitigung aller sozialen und politischen Ungleichheit." Es ist leicht verständlich, daß die, denen diese Worte noch nicht abgebraucht waren, sie mit einem gewissen Staunen und vergeblichen Suchen hörten: Abschaffung aller Lohnarbeit! Wodurch? Durch genossenschaftliche Unternehmungen, von denen kaum ein halbes Dutzend wirklich vorhanden war und funktionierte? Wie und woher soll das kommen? Darüber sagte zwar das Programm: „Errichtung von sozialistischen Produktivgenossenschaften mit Staatshilfe unter der demokratischen Kontrolle des arbeitenden Volkes!" „Die Produktivgenossenschaften sind für Industrie und Ackerbau in solchem Umfang ins Leben zu rufen, daß aus ihnen die sozialistische Organisation der Gesamtarbeit entsteht." Genossenschaften sollen also mit Staatshilfe so weit in die Höhe getrieben werden, daß daraus eine sozialistische Organisation der Gesamtarbeit entsteht! Wenn wir die Wirkung dieser Programmsätze auf jene alten Liberalen, deren inneren Inhalt ich vorhin beschrieben habe, uns nachträglich überlegen, so wundern wir uns nicht, wenn zwischen Eugen Richter auf der einen Seite und den Sozialdemokraten auf der anderen Seite jenes Verhältnis des vollkommenen aneinander Vorbeiredens entstand, das wir dann durch Jahrzehnte hindurch in der deutschen Linken vor uns gehabt haben. Sie redeten zweierlei Sprache! Wenn Eugen Richter hörte: Durch Staatshilfe sollen die sozialistischen Organisationen in die Höhe getrieben werden, so empfand er naturgemäß Staatshilfe als konservativ; denn unter Staatshilfe verstand der Liberalismus die alten Zünfte und den polizeilichen Zwang. Sozialismus erschien als ein Wiederaufleben des alten Staates, den man überwunden hatte und den endlich unter den Füßen zu haben man glücklich war.

Aus den Tiefen der sozialen Unterwelt wollte also der Polizeistaat mit allen seinen konservativen Instinkten noch einmal wieder heraufkommen: das Gespenst des Bevormundungsstaates will wiederkommen! Man sah den Sozialismus als eine Art demokratisch gewordenen Konservatismus an, fühlte ihn deshalb als durchaus auf der anderen Seite stehend, und wurde darin gerade auch in den siebziger Jahren bestärkt durch einige konservative Sozialreformer wie Rudolf Meyer und Adolf Wagner. Selbst dann noch, als die Sozialdemokratie 1891 in ihrem Erfurter Programm eine Formel gefunden hatte, die die früheren Undeutlichkeiten vermied, war diese immer noch nicht so, daß der Liberalismus sie ohne weiteres verstehen oder gar aufnehmen konnte. Die Formel vom Jahre 1891 lautete: wir erstreben „die Verwandlung des kapitalistischen Privateigentums an Produktionsmitteln, an Grund und Boden, Gruben und Bergwerken, Rohstoffen, Werkzeugen, Maschinen und Verkehrsmitteln in gesellschaftliches Eigentum und die Umwandlung der Warenproduktion in sozialistische für und durch die Gesellschaft betriebene Produktion". Hier fehlt die Idee, daß die Genossenschaft der Ausgangspunkt der ganzen Zukunft sei. Hier fehlt das Wort, daß der Staat es machen soll. Es war dadurch die ganze Sache den Liberalen um etwas erleichtert, aber dafür hatte man hier an Stelle eines ausführbaren Programms eine Art großer Geschichtsphilosophie gesetzt, den Gedankengang einer totalen wirtschaftlichen Umwandlung. Die Umwandlung soll bestehen in einem Übergang alles Privateigentums an Produktionsmitteln in die Hände der Gesellschaft. Über Staat und Privateigentum steht also die Gesellschaft. Etwas Neues!

Was ist das, die Gesellschaft? Das gab's nicht im alten liberalen Programm. Da gab's nur den Einzelmenschen, der sich mit dem Staat um seine Rechte streitet und der mit seinen Mitmenschen Kontrakte macht. Aber über Staat und Einzelmenschen hinaus gab es keinen umfassenden allgemeinen Begriff, außer etwa so lockere Begriffe, wie die Kultur oder die Menschheit. Nun versucht also die Sozialdemokratie hier einen neuen Begriff einzuführen: die Gesellschaft, die allen Besitz und alle Arbeit in ihrer Hand hat!

Wieviel ist debattiert worden über diese schwierigen Gedankengänge! Und während man über Gedankengänge debattierte, stritt man sich gleichzeitig um Wahlkreise und verbitterte die Gedankengegensätze dadurch, daß sie im Kampf vergröbert und durch beiderseitige Bosheit verschoben hin- und hergeworfen wurden. Heute redet kein Mensch mehr über diese ganze Zukunftsstaatsgeschichte. Die letzten großen Debatten darüber waren ungefähr in den Jahren 1894 und 95. Von da an zeigt sich noch manchmal ein kleines Nachgewitter, wenn man irgendwo in den letzten drei Tagen vor der Wahl gar nicht mehr weiß, was man sich gegenseitig vorwerfen soll, aber in ruhigen und ernsthaften Zeiten sind wir alle von allen diesen Fragestellungen schon unendlich weit weg, so weit, daß man heute davon erzählen kann wie von ausgekämpften Streiten.

Warum? Weil inzwischen beide Teile etwas gelernt haben, was sie damals noch nicht wissen konnten. Der Liberalismus hat inzwischen gelernt, daß es tatsächlich etwas über dem Einzelunternehmer gibt, nämlich die *wirtschaftliche Vergesellschaftung*, denn inzwischen erst sind ja alle jene Syndikate entstanden, die Hunderte von Wirtschaftsverbänden, und selbst die Unternehmer, die sich am längsten gesträubt haben, haben schließlich in irgendeinen Verband hineingemußt. Heute ist es fast schon schwer, den Fabrikanten zu suchen, der nicht zu einem derartigen Verbande gehört; wie überhaupt: *die Einzelmenschen sind* heute alle Verbandsmenschen geworden! Wenn ich allein an die denken wollte, die jetzt vor mir sitzen, wieviel Verbandszugehörigkeit würde ich in diesem Saal finden! Das ganze Volk hat sich wieder gegliedert. Die alten Innungen sind weg, aber neue Innungen sind aufgestanden, größere Innungen, aber doch nicht völlig anders als die alten. Die alten Innungen bestimmten, wer etwas herstellen darf, zu welchem Preise er es herstellen darf, welche Qualitäten er dabei haben soll, wohin die Ware von ihm verkauft werden darf, zu welchen Zahlungsbedingungen er sie abgeben muß. Nehmen Sie heute die Kartellsatzungen, so haben Sie genau dasselbe wieder, was in den alten Innungen gewesen ist. Die Menschen sind von selber wieder auf ähnliche Organisationen gekommen. Die Arbeiter sind organisiert in ihren Gewerkschaften, die Beamten sind in ähnlichen Verbänden, die Bauern sind im Bund der Landwirte und in den dazugehörigen Einkaufs- und Verkaufs-Genossenschaften. Alle Industriellen rücken immer mehr in das Gebiet der Vergesellschaftung hinein. Es kommt „die Gesellschaft", von der man vorher nur eine ahnende, ferne Vorstellung hatte, und wird allmählich unter uns Wirklichkeit. Es kommt das, was die Sozialdemokraten nannten: eine Gesellschaftsordnung. Sie brauchten das Wort schon zu einer Zeit, als es eigentlich noch nicht paßte, inzwischen aber fängt es an zu passen. Überall gibt es Gesellschaftsdirektoren, die irgendeinen Erwerbszweig regeln, und ein Netz von Vorschriften, Satzungen usw. wird über das Ganze hingezogen. Genau die Reden, die der Sozialdemokrat vor 25 Jahren zu halten pflegte, hält heute der Syndikatssekretär, nur natürlich in einer sehr viel ruhigeren und seinem Publikum angepaßten Weise. Er trägt seinen Hörern vor: Der bisherige Zustand war eine Anarchie, eine Regellosigkeit! Der Sozialdemokrat im Hintergrund spricht: Das habe ich euch früher auch gesagt, ihr aber habt es nicht glauben wollen. Jetzt sagt es der Verbandssekretär, da glaubt ihr es! Der Sekretär fährt fort: Das Mißliche an diesem Anarchismus, an der bestehenden Unordnung ist, daß bisher jeder von euch machen konnte, was er wollte, und sich für ganz allein auf der Welt ansah. Der Sozialdemokrat sagt: Das habe ich euch Individualisten früher schon immer gepredigt und ihr hieltet es damals für Tempelraub, wenn ich es sagte. Der Verbandssekretär aber redet weiter: Wir werden das Wirtschaftsleben gesellschaftlich regeln, und zwar werden wir von dem Gedanken loskommen müssen, als ob wir alle untereinander Konkurrenten wären; im Gegenteil werden wir die Konkurrenz ausschalten, und das wird für uns der allergrößte Profit sein. Da ruft Bebel: Bitte, in meinem Buch über „Die Frau" steht das alles schon! Ich habe euch zuerst vorgerechnet, was ihr alles sparen würdet, wenn ihr nur allein die Reklame der Konkurrenz lassen wolltet!

Kurz, die Vergesellschaftung kommt, und doch kommt sie sehr anders als der Sozialdemokrat sie sich dachte. Als der Sozialdemokrat von ihr redete, da dachte er, sie käme von unten, wie ein Gesetz, das der bürgerlichen Welt aufgezwungen würde von einem drohenden Proletariat. Jetzt aber erscheint sie so von selber, organisatorisch gemacht von oben her unter dem Dividendengesichtspunkt und unter dem Gesichtspunkt der Erleichterung für die kommenden Generationen der Unternehmer. Sie ist die Verminderung der Direktorialschwierigkeiten innerhalb der bürgerlichen Gesellschaft. So kommt die neue Gesellschaftsordnung, und der Sozialdemokrat ist dadurch in die Lage gerückt, daß er gar nicht mehr die Vergesellschaftung von sich aus als das große Problem der Zukunft zu treiben hat. Die Vergesellschaftung an sich marschiert schon; was er zu treiben hat ist, daß diese Vergesellschaftung nicht auf Kosten der Angestellten und Arbeitskräfte erfolgt, daß sie nicht ein Zwangsinstitut wird, schlimmer als die alten Innungen je gewesen sind. Denn wie moderne Riesenschiffe gegenüber jenen Fahrzeugen, die man früher harmloserweise Schiffe nannte, so verhalten sich ungefähr die modernen Syndikate der Industrie zu allen jenen Innungsverbänden und allen anderen Zwangsgebilden, über die man in früherer Zeit geseufzt hat. Wenn diese Riesenverbände sich ausleben können in ihrem Kraft- und Machtbewußtsein, und niemand hindert sie, dann werden sie über ihre Arbeitskräfte eine unheimliche Gewalt ausüben können, daß sie gar nicht mehr wissen, daß es einmal etwas wie Freiheit gab. Und wenn ich in diesem Zusammenhang vom Arbeiter rede, dann geht der Arbeiter schon recht weit nach oben bis zu hohen Privatangestellten. Diese alle fragen heute nicht mehr: Wie überwinden wir die Anarchie der freien Konkurrenz? Sondern die fragen: Wie überwinden wir den Druck der zentralisierten Gesellschaftsordnung auf uns? Das ist das Problem der Menschenrechte innerhalb des modernen Industrialismus. So kommt aus neuen Verhältnissen das alte liberale Problem fast mit alten Formeln wieder heraus. Wie früher die alte Innung und Zunft und Kleinstaatenherrlichkeit einen altväterlichen Liberalismus hervorriefen, so weckt die neue Zunft einen anderen, der größer ist in seinem Umfange, im Grunde aber ähnlich in dem, was er fordert: Menschen wollen wir bleiben inmitten der Zwangsorganisationen, Personenrechte wollen wir haben inmitten des Großbetriebes! Und aus allem, was sich bisher Sozialist genannt hat, klingt jetzt etwas heraus, fast wie älteste Töne eines Kantischen und Schillerischen Liberalismus: Menschenwürde suchen wir inmitten einer Organisation, die uns alle zu Knechten machen will! Die sozialdemokratischen Revisionisten werden Moralisten, und wo überhaupt noch Liberalismus ist, wird man anerkennen müssen, daß ihr Kampflied dem Urton der liberalen Bewegung verwandt ist. Wer die Revisionisten unter den Sozialdemokraten versteht, der wird bei ihnen nicht ein Programm suchen, denn es wäre von ihnen sehr unvorsichtig, ein Programm machen zu wollen; so unvorsichtig sind sie nicht! Das letzte

Programm des Sozialismus ist das Erfurter Programm vom Jahre 1891, von da an aber vollzieht sich eine psychologische Umdenkung, entsprechend der Verwandlung der Herrschaftsverhältnisse in der Wirtschaft. Der Einzelunternehmer in der alten Weise ist verschwunden! Das hat selbstverständlich seine Folgen auch für die liberale Auffassung derselben Sache. Haben Sie noch so viel Geduld, meine verehrten Zuhörer, ganz kurz die Entwicklung auf der liberalen Seite zu verfolgen:

Da stand im Anfang Schulze-Delitzsch als der Mann, der die Wirtschaftsverhältnisse der kleinen Leute am besten kannte, und das muß man ihm auch heute noch lassen, daß er sein ganzes Leben im Dienst der Hilfe kleiner Leute gearbeitet hat. Schulze-Delitzsch formuliert: Genossenschaftliche Selbsthilfe! Nur nichts vom Staat! Wir machen es schon allein! Und mit diesem Wort: Wir machen es allein, wir wollen gar keine fremde Hilfe, regt er einen bedeutenden Teil von Energien an, nur liegen diese von ihm geweckten Energien oberhalb des eigentlichen Lohnarbeiters. Sie liegen in der Schicht der kleinen geschäftemachenden Leute. Dort blieb nun der genossenschaftliche Gedanke des bürgerlichen Liberalismus haften. Die Fortschrittspartei formulierte im Jahre 1878: „Anerkennung der auf Selbsthilfe gegründeten Vereinigungen, Pensionskassen, Arbeitgeberverbände, Gewerkvereine, Einigungsämter." Nur Selbsthilfe! Dinge, die die Sozialdemokratie damals verlachte als „Palliativmittelchen", mit denen ja doch nichts zu schaffen sei, da nur die eine große Umwandlung alle Dinge zum Besten bringe. Inzwischen aber besitzt auch die Sozialdemokratie von allen diesen Sachen, von den Pensionskassen, Verbänden und Einigungsämtern ein höchst gewichtiges Teil. Schulze-Delitzsch ist wesentlich mit Hilfe der Sozialdemokratie in die wirkliche Welt hineingewachsen. Ähnlich ging es Professor Brentano mit den Gewerkschaften der Arbeiter.

1884 sagte das damalige Programm der Linken: „Förderung der Volkswohlfahrt auf Grund der bestehenden Gesellschaftsordnung." Das war der notwendige Satz zur Unterscheidung von der Sozialdemokratie. „Volle Wahrung der Gleichberechtigung, der Selbsttätigkeit und des freien Vereinigungswesens der arbeitenden Klassen." Das war der liberale Satz, den sie in anerkennenswerter Weise unter dem Sozialistengesetz durchgehalten haben. Dann kommt: „Bekämpfung des Staatssozialismus." Das war der Gedankengang, wenn man den Staat wieder hineinziehe ins Wirtschaftsleben, dann sei das ein Rückfall in den konservativen Zustand.

Etwas gemildert finden wir diese Ablehnung des Staatssozialismus im Jahre 1894 im Eisenacher Programm der Freisinnigen Volkspartei: „Die wirtschaftlichen Verhältnisse sind auf Grundlage der bestehenden Gesellschaft, unter Ablehnung der falschen Lehre von der Allmacht des Staates, zu heben durch Selbsthilfe der Beteiligten, freies Zusammenwirken der Gesellschaftsklassen, als auch durch Einwirken der Gemeinden und des Staates." In diesem kleinen „als auch" kennzeichnet sich das Einschwenken zur Mitwirkung bei der Arbeiterschutzgesetzgebung. Es wird jetzt auch von den Liberalen der Staat zum Schutz der Schwachen mit aufgerufen. Und mit Recht! Denn hier handelt es sich um Menschenrechte und Persönlichkeitsrechte, die sich selbst nicht schützen können.

Dieses Einschwenken zur aktiven Beteiligung am Arbeiterschutz liegt aber heute schon weit zurück. Jetzt sind alle Parteien grundsätzlich für Staatseingriff, so daß das, was an neuen Arbeiterschutzgesetzen vom Staat noch zu erwarten ist, zur Frage der Technik geworden ist, und nicht mehr einen Streit der Gesinnungen entfacht. Es gibt da noch manches zu tun, besonders auch im Versicherungswesen, wo uns die große Versicherungsordnung bevorsteht. Auf dem ganzen Gebiete aber sind die Kämpfe nicht mehr prinzipieller Natur; da kämpft man, ob man eine halbe Stunde oder eine ganze Stunde mehr oder weniger in das betreffende

Gesetz hineinschreiben und welche Beiträge alle Beteiligten geben sollen, wie die Vertretung in den Kassenvorständen werden soll, und über vielerlei Ähnliches. Die eigentlichen Dinge aber, über die sozialpolitisch gekämpft werden wird, werden in der nächsten Zeit anders heißen, nämlich: Arbeiterausschüsse in den Betrieben, vor allem in den Großbetrieben, Arbeitskammern zur Vertretung der Arbeiter in allen Branchen, Tarife zur Regelung der Lohn- und Arbeitsverhältnisse. Diese gegenwärtigen Probleme entsprechen ganz genau den alten Aufgaben des Liberalismus gegenüber dem Staatswesen. Bei ihnen liegt nämlich die Frage zugrunde: wie kann man die monarchisch entstandene Industrie mit parlamentarischen Einrichtungen durchsetzen? Die Frage, die uns für zehn und zwanzig Jahre sozialpolitisch beschäftigt, ist im Grunde die alte liberale Organisationsfrage, angewendet auf wirtschaftliche Betriebe. Ich habe es früher formuliert: „Aus Industrieuntertanen sollen Industriebürger gemacht werden," und will damit eben nur aussprechen, daß diejenigen, die heute ihrer Arbeit fremd gegenüberstehen, weil sie sagen: was geht sie uns an, sie ist gar nicht unsere Arbeit, sie ist anderer Leute Gewinn, daß diese dazu kommen, eigene Arbeit leisten zu können, eine Umwandlung wie die, daß Menschen, welche früher ihre Haut für ihren Großherzog zu Markte trugen, später dasselbe für ihr Vaterland taten, weil inzwischen aus dem Privatbesitz des Großherzogs ein Staat geworden war. So ungefähr lautet das Problem der Zukunft: die Überführung der großen Betriebe der Neuzeit in Organisationen, in denen jeder einzelne seine Mitwirkung in ähnlicher Art haben kann, wie er Staatsbürger ist.

Von solchen Vordersätzen aus halte ich eine große geeinigte Linke für möglich. Alle Beteiligten müssen sich nur erst darüber klar werden, wievieles von den alten Streiten inzwischen durch die Entwicklung erledigt ist, was man davon schon alles wieder weggetragen hat. Es bleiben freilich noch genug Schwierigkeiten zwischen Unternehmern und Arbeitern, Schwierigkeiten der beiderseitigen Taktik, es bleibt immer schwierig, Leute aus verschiedenen Gesellschaftsschichten eine einigermaßen gleiche politische Sprache lernen zu lassen. Schwierig ist es auch, bei den Arbeitern den Nationalsinn zu wecken, ohne den eine Vaterlandsleitung undenkbar ist, schwierig ebenfalls, auf dem Gebiet der Staatsfinanzen ein durchführbares und einheitliches Programm der ganzen Linken zu finden. Aber gegenüber allen diesen Schwierigkeiten wiederhole ich die eine Behauptung, mit der ich schon einen meiner früheren Vorträge schloß: es herrscht die Rechte genau so lange, bis die Linke sich politisch so weit diszipliniert und organisiert, daß sie eine politische Einheit wird. Wenn die Linke das nicht kann, dann regiert die andere Seite ruhig weiter. Alle inneren Kämpfe innerhalb der Linken ändern am Gesamtbild Deutschlands gar nichts. Deutschland ist aber sicherlich noch nicht am Ende seiner weltgeschichtlichen Entwicklung angelangt. Es ist noch nicht reif, das bessere Spanien zu werden. Noch hat es Großes für die Menschheit zu leisten. Das ist der Glaube, den wir haben und ohne den wir nicht arbeiten können: daß in unserem deutschen Volk noch eine ungeheure Zukunftsbegabung liegt, für deren Entfaltung unter konservativ-klerikaler Herrschaft kein Raum ist.

Was wird sich aus der deutschen Arbeiterschaft herausholen lassen, wenn sie einmal auch in Preußen das Gefühl los wird, Staatsbürger dritter Klasse nur zu sein! Was läßt sich herausholen, wenn man die Kinder alle in den ersten Schuljahren auf dieselbe Bank und in dieselbe gesunde Luft hineinsetzt! Was läßt sich aus diesem wundervollen Volke gestalten, wenn man es nicht nur behandelt wie eine aufsichtsbedürftige Herde, sondern sie ansieht wie ein Volk werdender Menschen! Wir alle miteinander sind vom Schicksal oder von Gott auf dasselbe Brett im Ozean der Zeiten geworfen, um da eine Weltgeschichte miteinander zu machen, bei der wir uns vertrauen müssen auf Tod und Leben, vertrauen gegenseitig ohne Angst voreinander! Wenn es möglich ist, unser Volk mit einer solchen geschichtlichen Lebensstimmung zu füllen, dann kommt wirklicher Liberalismus, dann gibt es nicht nur wieder Mandate für die Fraktionen (das ist vielen Leuten zu wenig, um dafür zu arbeiten!), sondern es kommt das bessere Deutschland, für das die Reichsgründung nicht nur eine Episode war, nicht nur ein kleines Zwischenspiel, sondern der Anfang der letzten Entfaltung alles deutschen Geistes und Könnens. *Wir wollen nicht das bessere Spanien werden, wir wollen es nicht, sondern wollen mit dem Engländer und Amerikaner den hohen Wettkampf kämpfen, welche von unseren Nationen die größten Kulturwerte in die Zukunftsgeschichte der Menschheit hineinwerfen kann.* Das aber werden wir niemals erlangen, solange wir konservativ-klerikal bleiben. Wir sagen nicht, daß wir unter dem Zentrum leiblich verhungern. Gewiß, wir können zugeben, daß auch unter der konservativ-klerikalen Führung die Menschen etwas besser genährt werden und etwas länger leben als in früheren Zeitläuften. Das bestreiten wir gar nicht. Aber auch hier gilt und gerade hier, daß der Mensch nicht vom Brot allein lebt, sondern lebt auch, politisch gesprochen, von den großen Gedanken und Hoffnungen, die er für sein Volk haben darf. Die konservativ-klerikale Herrschaft ist ein Versicherungssystem gegen seelische und wirtschaftliche Gefahren, aber gerade dadurch ist sie selber die größte Gefahr für die Seele der Nation. Zölle und Bevormundung machen allmählich matt und mürbe. Es weht kein rechter deutscher Wind mehr, es fehlt Fortschritt, Liberalismus. Wir sagen nicht, daß unsere politischen Gegner schlechte Menschen sind, aber kurzsichtig, ängstlich, hoffnungslos! Unter ihren Händen wird das Deutschtum arm und klein. Um des Vaterlandes willen bekämpfen wir sie und warten auf den Tag der deutschen Freiheit.

Die Fraktionen im Deutschen Reichstag.

1871/1907.

	Deutsch-Konservative	Reichspartei (Freikons.)	Antisemiten, Bund der Landwirte	Zentrum	Polen, Elsässer, Welfen, Bayr. Bauernbund	Nationalliberale u. Benachbarte	Linksliberale	Sozialdemokraten	Bei keiner Fraktion
1871	54	38	—	58	21	150	47	1	28
1874	21	33	—	91	33	152	50	9	8
1877	40	38	—	93	28	127	48	12	11
1878	53	56	—	93	35	98	34	9	13
1881	50	28	—	98	43	45	114	12	7
1884	78	28	—	99	42	50	74	24	2
1887	80	41	1	98	32	99	32	11	3
1890	73	20	5	106	37	42	76	35	3
1893	72	28	16	96	37	53	48	44	3
1898	56	23	24	102	33	47	50	56	6
1903	52	20	18	100	31	50	36	81	9
1907	60	25	27	104	28	56	50	43	4

Die Fraktionen im Deutschen Reichstag 1871/1907.

Die graphische Darstellung veranschaulicht die Bewegung der Fraktionsziffern. Die Breite der Zeichnung ist gleich 397 Einheiten; danach wurden jeweils die Anteile der Fraktionen für die verschiedenen Wahlen berechnet. Es wird die Raumverdrängung gezeigt; charakteristisch ist darum weniger die einzelne Linie, als vielmehr die von zwei Linien begrenzte Fläche. Sie verdeutlicht den Fluss der Fraktionsentwicklung.

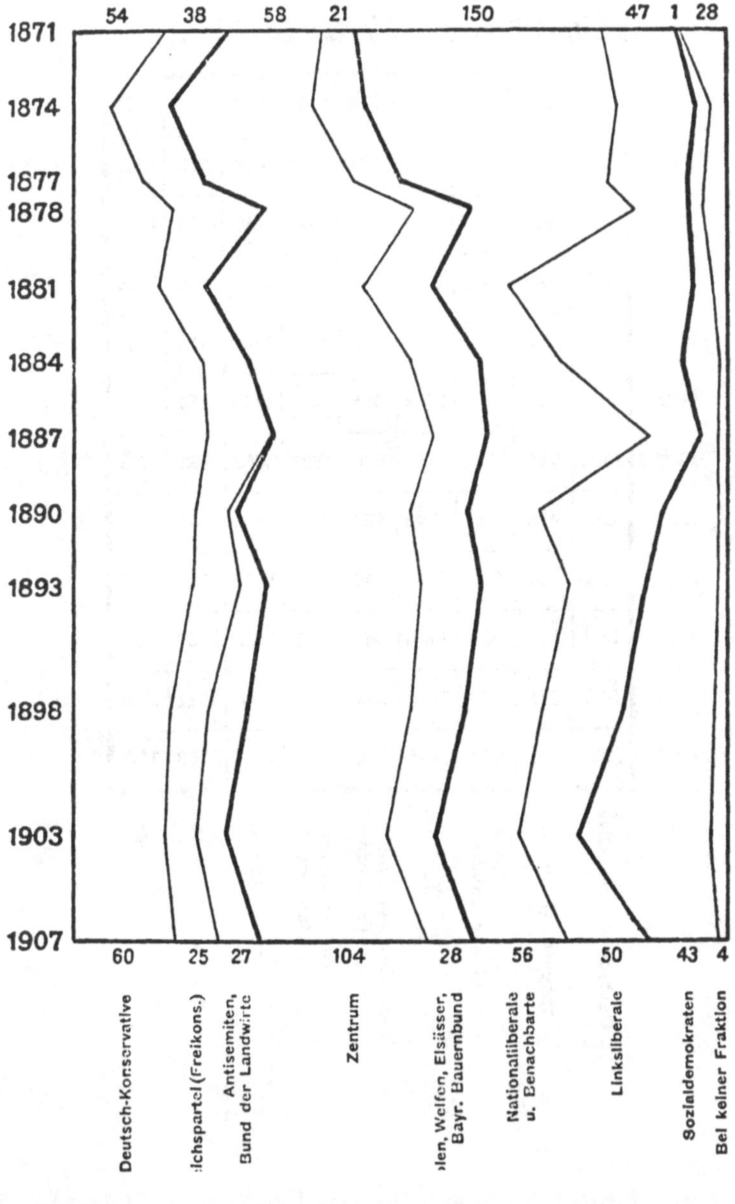

Die Wählerziffern bei den Reichstagswahlen 1871/1907.

Die Zahlen verstehen sich in Tausenden. Die Nichtwähler sind in Prozenten zur Gesamtzahl der Wahlberechtigten angegeben.

	Deutsch-Konservative	Reichspartei (Freikons.)	Antisemiten, Bund der Landwirte	Zentrum	Polen, Elsässer, Welfen, Bayr. Bauernbund	Nationalliberale u. Benachbarte	Linksliberale	Sozialdemokraten	Nichtwähler
1871	536	347	—	718	278	1479	399	102	49
1874	353	391	—	1439	471	1492	497	352	38,7
1877	523	424	—	1344	451	1446	448	493	39,4
1878	742	790	—	1317	353	1296	457	424	36,6
1881	812	382	—	1477	434	614	1200	312	43,7
1884	861	388	—	1282	465	997	1112	550	39,4
1887	1147	736	12	1516	566	1678	1062	763	22,5
1890	895	482	48	1342	460	1178	1308	1427	28,4
1893	1038	438	335	1469	446	997	1092	1787	27,8
1898	859	344	535	1455	460	971	863	2107	31,9
1903	914	371	476	1876	541	1325	874	3011	23,9
1907	1069	481	500	2145	745	1716	1311	3259	15,3

Die Parteien nach den Reichstagswahlen 1871/1907.

Die Tafel zeigt die Bewegungen in den Wählerstimmen der einzelnen Parteien und offenbart gleichzeitig das Verhältnis der jeweiligen Wahlbeteiligung gegenüber der Gesamtsumme der Wahlberechtigten.

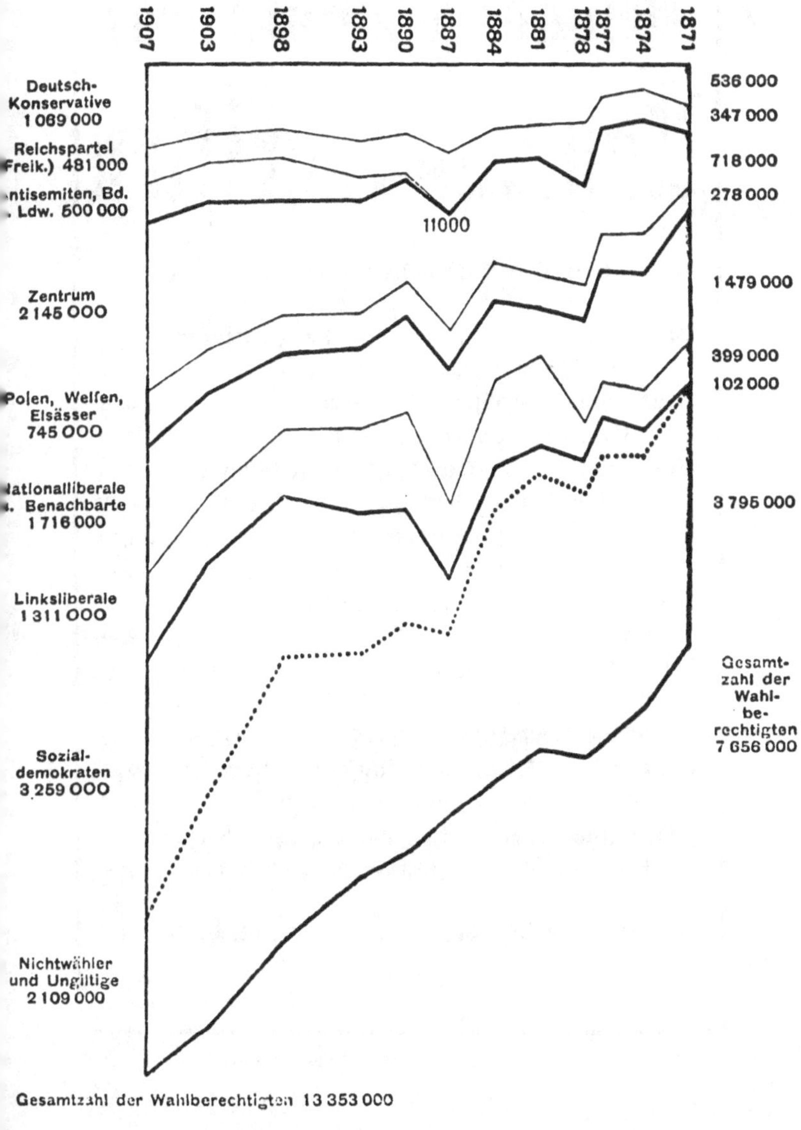

Druck von Siegfried Scholem, Berlin-Schöneberg.

FSC
www.fsc.org
MIX
Papier | Fördert gute Waldnutzung
FSC® C083411

Kolibri 360 GmbH
Ferdinand-Jühlke-Straße 7
99095 Erfurt, Deutschland
produktsicherheit@kolibri360.de